HTML, CSS,
JavaScript로

iPhone Apps 개발하기

Jonathan Stark

조나단 스타크 지음 | **성윤정 · 황연주** 옮김

ITC O'REILLY®
INFO TECH KOREA

Building **iPhone Apps** with HTML, CSS, and JavaScript
by Jonathan Stark

IT 대한민국은 ITC(Info Tech Corea)가 함께 하겠습니다.
www.itcpub.co.kr

iPone Apps with HTML, CSS, and JavaScript

Chapter 3　향상된 아이폰 스타일링

Chapter 4　Animation

Chapter 5　Client-Side 데이터 기억장치

Chapter 6   Offline

Chapter 7   Native

Chapter 8 iTunes에 애플리케이션 올리기

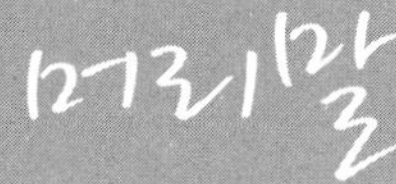

대다수의 많은 사람들처럼 나도 아이폰을 접한 즉시 아이폰에 매료되었다. 나는 웹 개발자이기 때문에 처음에는 wep apps만이 장치에 사용자 정의 애플리케이션을 올리는 유일한 방법이었다. 몇 개월 후 App Store가 공지를 했을 때 매우 흥분된 마음으로 서점에 가서 Objective-C에 관한 모든 책을 구입했다. 내가 만든 web apps의 일부는 이미 어느 정도 인기가 있었기 때문에 그것들을 단지 native apps로 재작성하여 App Store에 올리면 그야말로 돈방석에 오르는 건 시간문제라고 생각했다.

하지만 Objective-C를 배우는 데 어려움이 있었고 언어가 Mac 프로그래밍 밖에서 약간만 사용된다는 사실에 환멸을 느꼈다. Xcode와 Interface Builder는 꽤 매끄러웠지만 주로 개발하던 환경이 아니었기 때문에 익숙하지 않았다. 테스트를 위해 애플리케이션과 아이폰에 설정만을 위해서도 뛰어넘어야 할 난관이 많다는 것에 격분했다. App Store에 애플리케이션을 올리는 과정은 더욱 복잡했다. 한두 주 이러한 변수와 사투를 벌인 후 내가 왜 이러한 문제들 속에서 허우적대고 있는지에 대한 의문을 가지게 되었다. 어쨌든 내가 만든 web apps는 이미 전 세계적으로 웹상에서 사용되고 있는데 왜 꼭 App Store에 올려야만 한다고 생각했을까?

이 모든 상황 위에는 Apple이 애플리케이션을 거부할 수 있고 이미 그러고 있다는 것이다. 이것은 확실히 그들의 특권이고 아마도 그들은 그럴만한 이유를 가지고 있을 것이다. 그러나 외부에서 보기에는 변덕스럽고 독단적인 횡포로 보인다. 실제 상황을 들어 생각해보면, 여러분은 Objective-C를 배우기 위해 약 100 시간을 사용하고 native 아이폰 애플리케이션을 만드는 데 또 100 시간을 보낸다. 결국 애플리케이션은 황금시간이 투자되어 준비되고 여러분은 App Store에 올리는 과정을 성공적으로 마쳤다. 다음은 무슨 일이 일어날까?

여러분은 기다리고 또 기다린다. 우리는 몇 주, 때로는 몇 달을 기다린 후 마침내 회신을 받는다. "당신이 애플리케이션은 거부되었습니다." 이젠 어떻게 하면 좋을까? 더 이상 여러분이 들인 노력을 아무 데도 보여주지 못하고 결국 물거품이 되고 마는 것이다.

그러나 상황은 더 나빠질 수도 있다. 애플리케이션이 승인을 받았다고 치자. 수백만 또는 수천만의 사람들이 애플리케이션을 다운로드 받았고 아직 요금을 지급받지 못한 상황에서 버그 보고서가 오기 시작한다. 몇 분 안에 버그를 찾아내어 수정한 후 iTunes에 수정한 애플리케이션을 올린다. Apple이 교정을 승인하는 동안 기다리고 또 기다려야 한다. 그 사이 화가 난 고객들은 App Store에 지독한 평가와 재검토를 요청할 것이다. 여러분은 화난 고객들에게 반품을 제안하고 싶겠지만 App Store를 통해 이 방법도 제공되지 않는다. 그래서 며칠 또는 몇 주 전에 버그가 이미 수정되었음에도 불구하고 애플리케이션에 대한 평점이 바닥으로 떨어지는 것을 앉아서 볼 수밖에 없게 되는 것이다.

물론, 이 이야기는 한 개발자의 경험을 바탕으로 한 것이다. 어쩌면 이는 주변의 예이고 실제 데이터는 이러한 이론을 확증하지는 않을지도 모른다. 그러나 문제는 여전히 남아있다. 개발자들은 Apple의 데이터나 App Store의 승인 절차의 실제 세부사항에 접근할 수 없다. 이러한 변화가 올 때까지 Objective-C로 native 애플리케이션을 만드는 것은 위험한 제안이라고 생각한다.

다행히 선택의 여지는 남아있다. 오픈 소스와 표준 기반 웹 기술을 이용하여 웹 애플리케이션을 만들 수 있고 이를 실제 사용자가 로드한 상황에서 디버그하고 테스트할 수 있다. 일단 준비되면 웹 애플리케이션을 native 아이폰 애플리케이션으로 변경하고 App Store에 올린다. 궁극적으로 거부되더라도 여전히 웹 애플리케이션을 제안할 수 있기 때문에 물거품이 되어버리지는 않는다. 승인될 경우에는 장치에 알맞은 하드웨어 특징을 이용해서 웹 애플리케이션을 향상시키기 위한 기능을 추가하기 시작할 수 있다. 두 경우 모두 최고의 선택이 아닌가?

이 책의 대상 독자

이 책을 읽는 독자는 HTML, CSS, JavaScript(특히 jQuery)를 읽고 쓰는 기본 경험이 있다고 가정한다. 5장과 6장에서는 약간의 기본적인 SQL 코드를 포함하고 있기 때문에 SQL 문법을 잘 알고 있다면 도움이 되겠지만 필수 사항은 아니다.

이 책을 읽기 위해 필요한 도구

이 책은 가급적 아이폰 SDK의 사용을 자제할 것이다. 대부분의 예제들을 따라하기 위해서는 텍스트 에디터, 최신 버전의 Safari (또는 아직은 더 나은 Webkit: Mac과 Windows 모두에서 사용 가능한 최첨단 버전이고 http://webkit.org에서 구할 수 있다)가 필요하다. 7장에서는 PhoneGap을 위해 Mac이 필요하며 여기서는 web app를 native app로 바꾸는 방법을 설명하고 App Store에 올릴 것이다.

일러두기

이 책은 다음과 같은 영문 표기 편집 규약을 따른다.

고딕체

새로운 용어, URL, 이메일 주소, 파일 이름, 파일 확장자를 나타낸다.

코드 서체

프로그램 소스코드에 사용된다. 본문에서 변수, 함수, database, 데이터 타입, 환경 변수, 구문, 키워드와 같은 프로그램 엘리먼트를 참조할 때도 사용된다.

굵은 코드 서체

사용자가 그대로 입력해야 되는 명령이나 텍스트 그리고 코드 내에서 강조하는 절을 표시한다.

팁, 제안, 일반적 알림 사항 등을 나타낸다.

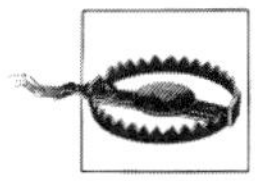

경고 또는 주의사항을 나타낸다.

예제 코드 사용하기

이 책은 여러분의 작업을 돕기 위해 쓰여졌으므로 여러분의 프로그램이나 문서에 이 책의 코드를 사용해도 된다. 코드의 대부분을 그대로 사용하는 경우가 아니라면 허가 없이 사용해도 좋다. 예를 들어 이 책에 있는 여러 코드 그룹을 이용하여 프로그램을 작성하는 것은 허가를 요하지 않는다. 하지만 O'Reilly 책의 예제 CD-ROM을 팔거나 배포하는 것은 허가가 요구된다. 이 책을 인용하거나 예제 코드를 사용하여 질문에 응답하는 것은 허가를 요구하지 않는다. 여러분 제품의 문서에 이 책의 상당량의 예제코드를 가져다가 사용한다면 허가를 받아야 한다.

출처를 밝혀주면 고맙지만 필수 요구사항은 아니다. 출처 정보는 보통 제목, 저자, 출판사, ISBN을 포함한다. 예: "Building iPhone Apps with HTML, CSS, and JavaScript by Jonathan Stark. Copyright 2010 Jonathan Stark, 978-0-596-80578-4."

예제 코드를 사용하는 형태가 여기서 주어진 권한을 넘어선다고 생각되면 부담없이 permissions@oreilly.com로 연락하기 바란다.

O'Reilly에 연락하는 방법

이 책에 관한 의견이나 질문은 출판사에 보내기 바란다.

O'Reilly Media, Inc.
1005 Gravenstein Highway North
Sebastopol, CA 95472
800-998-9938 (in the United States or Canada)
707-829-0515 (international or local)
707-829-0104 (fax)

우리는 이 책에 관한 웹 페이지를 가지고 있다. 여기에는 오자, 예제, 추가 정보에 대한 목록이 포함되어 있다.

http://www.oreilly.com/catalog/9780596805784/

이 책에 대한 의견이나 기술적인 질문은 다음 주소로 이메일을 보내기 바란다.

bookquestions@oreilly.com

O'Reilly 도서, 컨퍼런스, Resource Centers, O'Reilly Network에 관한 더 많은 정보를 원한다면 O'Reilly 웹 사이트를 참고하기 바란다.

http://www.oreilly.com

조나단 스타크

모바일 폰이 스마트폰으로 발전하면서 데스크톱 애플리케이션 위주에서 이제는 모바일 애플리케이션의 시대로 가고 있음을 많이 실감하게 된다. 모바일 애플리케이션의 요구가 많음에도 불구하고 지금까지 개발자들에게 큰 호응을 얻지 못한 이유는 프로그램이 장치 독립적이지 못했기 때문일 것이다. 개발자에게 새로운 환경과 또 다른 언어의 습득은 큰 부담이 아닐 수 없다. 모바일 개발을 고려하는 대부분의 개발자들은 아이폰 또한 Mac환경에서 Object-C를 배워야 한다고 알고 있을 것이다. 이 책은 제목에서 알 수 있듯이 이러한 편견과 부담감을 여실히 깨주는 가뭄의 단비와 같은 책이 될 것을 확신한다. 사용자는 늘 개발자가 만든 것 이상의 기능을 요구하고 그리 오래 기다려주지 않는다. 이에 Apple은 편리하고 합리적인 환경을 제공해주지 못한다. 이때 개발자가 발휘할 수 있는 융통성을 이 책에서 알려주고 있다. 이 책은 웹 개발자라면 누구라도 쉽게 아이폰 애플리케이션 개발자가 될 수 있도록 도와주는 친절한 안내서가 될 것이다.

성윤정, 황연주

역자 소개

성윤정

동국대학교 컴퓨터 교육학에서 개인 역량 평가에 따른 동적 컨텐츠를 이용한 웹기반 교육 시스템의 설계로 석사 논문 학위를 취득하였으며 삼성 SDS 모바일 아카데미 교육 기획을 위한 리서치 및 컨설팅을 하고 있다. 저서로는 'C++ 쿡 북', '클릭하세요 오라클 10g', '클릭하세요 자바 2', '초보 개발자를 위한 JSP', '서버 사이드 ajax', '초보 개발자를 위한 MFC', '행복해지는 HTML', 'Dynamic 스트럿츠', 'Dynamic 오라클 11g', '스프링', 'Visual C++ MFC 윈도우 프로그래밍', '한번에 이해하는 C로 쓴 자료구조', '한번에 이해하는 SQL Server 2008', '한번에 이해하는 안드로이드'가 있고 번역서로는 '서버 사이드 ajax', '안드로이드 매력에 빠지다' 등이 있다.

황연주

수년간의 프로그래머 경력을 가졌으며 이를 바탕으로 현재 강의를 하고 있다. 연세대학교 교육대학원에서 컴퓨터교육을 전공했으며 교육을 통해 모바일 관련 프로젝트를 진행하였다.

Chapter 01

아 이폰을 위한 애플리케이션을 작성하기 전에 그것의 기반이 되는 제반 기술과 환경을 먼저 간략하게 살펴보겠다. 이 장에서는 주요 용어를 정의하고, 애플리케이션을 작성하는 데 가장 일반적인 두 가지 개발 접근법의 장단점을 비교해본다. 그리고 세 가지 웹 핵심 기술에 대해 자세히 다룰 것이다.

Web App vs Native App

먼저, "web app"와 "native app"의 의미를 정의하고 각각의 장단점을 비교해본다.

Web App란?

web app는 기본적으로 아이폰에 최적화된 웹 사이트이다. 그 사이트의 콘텐츠는 어떤 것도 될 수 있다. 예를 들어 매일 모기지 상환금을 계산하는 프로그램인 mortgage calculator를 제공하는 중소기업 사이트가 될 수도 있다. web app의 특성은 사용자 인터페이스가 웹 표준 기술들로 만들어진다는 것이다. 그리고 그것은 URL(public, private, or behind a login)에서 사용할 수 있고, 아이폰의 특성에 최적화되어 있다. web app는 폰에 기본적으로 설치되어있지 않고 iTunes App Store에 올릴 수 없다. 그리고 Object-C로 작성되어 있지 않다.

Native App란?

반면, native app는 아이폰에 기본적으로 설치되어 있고, 하드웨어(speaker, accelerometer, camera 등)에 접근할 수 있다. 그리고 Object-C로 작성되어 있다. native app의 중요한 특성은 iTunes App Store에 올릴 수 있다는 것이다—이러한 특징은 저자를 포함한 전 세계 소프트웨어 기업들로 하여금 큰 매력을 느끼게 한다.

장점과 단점

서로 다른 애플리케이션들은 요구 사항 또한 다르다. 어떤 애플리케이션들은 웹 기술에 더 적합할 수 있을 것이다. 각 접근법의 장단점에 대한 지식은 개발자가 주어진 상황에 알맞은 적합한 결정을 내릴 수 있도록 도와줄 것이다.

native app 개발의 장점 :

- 수백만의 등록된 신용카드 소유자들이 한 번의 클릭으로 처리를 끝낼 수 있다.

- Xcode, Interface Builder, Cocoa Touch 프레임워크는 꽤 괜찮은 개발 환경 구성이라고 할 수 있다.

- 디바이스의 모든 하드웨어 기능에 접근할 수 있다.

native app 개발의 단점 :

- Apple 개발자가 되어야 한다.

- Apple의 승인 절차가 있어야 한다.

- Object-C로 개발해야 한다.

- Mac OS 환경에서 개발해야 한다.

- 실시간으로 버그를 수정할 수 없다.

- 개발 주기가 느리고, App Store의 제한에 의해 테스트 주기에 제약을 받을 수 있다.

web app 개발의 장점 :

- 웹 개발자들은 사용하던 저작 도구를 그대로 사용할 수 있다.

- 웹 디자인과 개발 기술을 사용할 수 있다.

- Mac OS 개발 환경에 국한되지 않는다.

- 개발된 애플리케이션은 웹 브라우저를 가지고 있는 디바이스 환경에서는 모두 실행된다.

- 실시간으로 버그를 수정할 수 있다.

- 개발 주기가 빠르다.

web app 개발의 단점 :

- 폰의 모든 하드웨어 기능에 접근할 수 없다.

- App Store에서 사용할 수 없기 때문에 애플리케이션을 상업화하기 위해서는 다른 시스템이 필요하다.

- 정교하게 UI 효과를 주는 것이 어렵다.

어떤 접근법이 적절한가?

여기서 우리는 유쾌한 답을 얻을 수 있다. 항상 온라인을 근간으로 하는 아이폰은 web app와 native app의 경계를 불분명하게 하는 환경을 만들어낸다. 잘 알려지지 않은 아이폰의 특징 중에는 web app를 오프라인으로 하는 것도 있다(6장에서 설명). 웹 개발자들이 web app로 개발하고 아이폰과 다른 모바일 플랫폼을 위해 이를 다시 native app로 포장하는 방법을 이용한 적극적인 개발 솔루션들이 여러 서드파티 프로젝트로 진행되고 있고 점점 늘어가는 추세이다. 대표적인 예가 PhoneGap이다.

이것은 완벽한 혼합이다. 기본 언어를 그대로 사용할 수 있고 Apple의 승인 절차 없이 순수한 web app제품(아이폰이나 브라우저를 사용하고 있는 장치를 위한)을 출시할 수 있다. 그리고 장치의 하드웨어에 접근하기 위한 본래의 버전에 대한 기본 코드를 그대로 사용할 수 있다. 또한 App Store에 잠재적으로 판매도 가능하다. Apple이 이를 거절한다고 해도 크게 걱정할 필요는 없다. 왜냐하면 온라인 버전을 여전히 가지고 있기 때문이다. 고객이 web app를 사용하고 있는 동안 본래의 버전에 대한 작업을 계속할 수 있을 것이다.

Web Programming 특강

web app를 만드는 데 사용되는 주요 세 가지 기술은 HTML, CSS, JavaScript이다.

HTML 소개

웹 브라우징을 할 때 보이는 페이지들은 단지 누군가의 컴퓨터에 있는 텍스트 문서들이다. 전형적인 웹 페이지에서 텍스트는 HTML 태그로 싸여 있고, HTML 태그는 브라우저가 문서의 구조를 인식할 수 있도록 해준다. 즉, 브라우저는 화면에 정보를 어떻게 출력해야 할지 HTML 태그에 의해 알 수 있다.

예제 1-1에 있는 웹 페이지의 일부를 살펴보자. 첫 번째 줄을 보면 문자열 "H: there"가 h1 태그로 싸여 있다(오픈 태그와 클로즈 태그가 약간 다르다는 것에 주의하라 : 클로즈 태그는 오픈 태그와 달리 슬래시(/)를 가지고 있다).

브라우저는 h1 태그로 싸여 있는 텍스트는 제목이라고 인식하여 그 줄의 텍스트를 크고 굵은 폰트로 출력한다. 이 밖에 h2, h3, h4, h5, h6의 제목(heading) 태그가 있다. 숫자가 작을수록 더 큰 제목이다. 따라서 h6 태그는 h3 보다 더 작은 크기의 폰트로 출력될 것이다.

예제 1-1에서 두 번째와 세 번째 줄의 코드는 p 태그로 싸여 있다. 이를 절(paragraph) 태그라 한다. 문장의 절이 브라우저 윈도우의 너비를 초과하면 이어지는 텍스트는 다음 줄로 내려가서 출력된다. 그리고 그 다음 절 사이에 비어 있는 한 줄이 추가된다.

예제 1-1 HTML 일부

```
<h1>Hi there!</h1>
<p>Thanks for visiting my web page.</p>
<p>I hope you like it.</p>
```

HTML 태그 안에 다른 HTML 태그를 사용할 수 있다. 예제 1–2를 보면 ul(unordered list) 태그는 세 개의 li(list items) 태그를 포함하고 있다. 브라우저는 각 아이템들을 앞에 글머리 기호를 붙여 각 줄에 출력한다. 이렇게 태그 안에 또 다른 태그를 포함하고 있을 때 안에 있는 태그를 밖에 있는 태그의 자식(child) 태그라고 하고 밖에 있는 태그를 부모(parent) 태그라고 한다. 이 예제에서는 ul 태그가 부모 태그이고, li 태그가 자식 태그이다.

예제 1–2 Unordered list

```
<ul>
    <li>Pizza</li>
    <li>Beer</li>
    <li>Dogs</li>
</ul>
```

지금까지 살펴본 태그들은 모두 **블록** 태그이다. 블록 태그의 특징은 좌우에 어떤 항목도 붙지 않고 바로 그 줄에 출력되는 것이다. h1 태그와 p 태그, li 태그들이 옆으로가 아닌 페이지의 아래로 써 내려간 것을 볼 수 있다. 블록 태그의 반대는 인라인 태그이다. 이름 그대로 인라인 태그는 한 줄에 표시한다. em 태그는 인라인 태그의 예이고 다음과 같이 사용한다.

```
<p>I <em>really</em> hope you like it.</p>
```

인라인 태그의 원조는 a 태그이다. a는 앵커(anchor)를 나타낸다. 링크나 하이퍼링크로 이 태그를 참조하기로 한다. 이 a 태그로 싸여 있는 텍스트를 클릭하면 새로운 HTML 페이지를 브라우저에 불러올 수 있다. 이때 어떤 페이지를 불러올 것인가를 결정하기 위해서 a 태그의 오픈 태그에 속성 값을 넣어준다. 타겟이 되는 페이지의 위치를 지정하기 위해서 href 속성을 사용한다. 다음은 구글의 홈페이지를 링크하는 예이다.

```
<a href="http://www.google.com/">Google</a>
```

HTML을 잘 모르더라도 이 코드에서 구글의 홈페이지 URL을 골라낼 수는 있어야 한다. 이 책을 통해 a 태그와 href를 많이 보게 될 것이다. 따라서 이것이 이해되지 않는다면 이를 위해 짐시리도 시간을 할애할 필요가 있다.

서로 다른 HTML 태그들은 다른 속성들을 가지고 있다. 오픈 태그에 여러 가지 속성들을 스페이스로 구분해서 추가할 수 있다. 그리고 클로즈 태그에는 속성을 추가할 수 없다. 속성과 태그의 여러 가지 조합은 가능하지만 복잡한 속성의 조합으로 인해 곤혹을 치르게 되기도 한다.

완성된 HTML 문서에는 일반적으로 body 섹션이 존재한다. 하나의 HTML 문서는 두 개의 섹션으로 이루어져 있다(head와 body). body에는 사용자에게 보여줄 모든 콘텐츠가 들어간다. head에는 페이지에 대한 정보가 포함되고, 이는 대부분 사용자에게 보이지 않는다.

body와 head는 항상 html 엘리먼트로 싸여져 있다. 예제 1-3은 완전한 HTML문서이다. head 섹션은 title 엘리먼트를 포함하고 있고 브라우저는 이를 해석하여 윈도우의 타이틀바에 출력한다.

예제 1-3　완전한 HTML 문서

```
<html>
    <head>
        <title>My Awesome Page</title>
    </head>
    <body>
        <h1>Hi there!</h1>
        <p>Thanks for visiting my web page.</p>
        <p>I hope you like it.</p>
        <ul>
            <li>Pizza</li>
            <li>Beer</li>
            <li>Dogs</li>
        </ul>
    </body>
</html>
```

일반적으로, 웹 브라우저를 사용할 때 우리는 인터넷에서 제공되는 페이지들을 보게 된다. 하지만 브라우저는 컴퓨터 내에 있는 HTML 문서를 출력하기에도 완벽하다. 이를 확인하기 위해 텍스트 에디터를 열어 예제 1-3을 타이핑한 후 내 컴퓨터에 test.html이라는 파일명으로 저장한다. 그리고 Safari로 이 문서를 열어보자. Safari 아이콘에 이 문서를 드래그 하는 방법을 이용하거나 Safari를 실행시킨 후 File→Open File 메뉴를 통해 열어도 좋다. test.html 파일을 더블클릭으로도 작동시킬 수 있지만 이렇게 하면 설정에 따라 텍스트 에디터나 다른 브라우저에 열릴 수도 있다.

Mac OS 환경에서 실행하지 않더라도 데스크톱 웹 브라우저에서 아이폰 web apps를 테스트 할 때는 Safari를 이용해야만 한다. 왜냐하면 Safari는 아이폰의 Mobile Safari를 위한 클로즈셋 데스크톱 브라우저이기 때문이다. 윈도우즈를 위한 Safari는 http://www.apple.com/safari/에 서 사용할 수 있다.

어떤 텍스트 에디터는 HTML을 제작하기에 좋지 않다. 특히 Microsoft Word나 TextEdit와 같 은 고기능의 텍스트 에디터는 피하는 것이 좋다. 이러한 에디터는 파일을 저장할 때 평문 이외의 포맷을 함께 저장할 수 있고, 이는 HTML 문서를 변경시킬 수 있다. 좋은 텍스트 에디터를 사야 한다면, 저자는 Mac 환경에서는 TextMate(http://macromates.com/)를 추천한다. 그리고 윈도 우 환경에서는 E Text Editor(http://www.e-texteditor.com/) 복제 버전을 권한다. 무료 제품은 Mac 환경에서는 Text Wrangler(http://www.barebones.com/)를 다운로드 받을 수 있고, 윈 도우 환경에서는 Notepad를 사용할 수 있다.

CSS 소개

앞에서 본 것과 같이, 브라우저는 구별되는 스타일을 가지고 특정한 HTML 요소들을 만들어 낸다(hi 태그는 크고 굵은 폰트, p 태그는 빈 한 줄 추가, 등). 이러한 스타일들은 주로 문서의 구조와 의미를 이해할 수 있도록 하기 위해서 사용한다.

이러한 간단한 구조를 기반으로 하는 표현을 가져가기 위해서 CSS(Cascading Style Sheets)을 사용할 수 있다. CSS는 HTML 문서의 시각적 프레젠테이션을 정의하기 위해 사용 하는 스타일시트 언어이다. CSS를 사용하여 텍스트의 색상, 크기, 스타일(bold, italic, 등)과 같은 간단한 것들과 페이지 레이아웃, 그라디언트(경사도), 불투명도 등의 복잡한 것들을 정 의할 수 있다.

예제 1-4는 body에 빨간색을 이용하여 문자를 출력하도록 브라우저에게 지시하는 CSS 사용 규칙이다. 이 예에서 body는 **선택자**(selector: 규칙에 의해 적용되어지는 것)이고 중괄호 사이에 는 **선언**(declaration: 적용될 규칙)이 들어가 있다. 선언은 **속성**(property)들의 집합이 그에 해 당하는 값(value)들을 포함하고 있다. 이 예에서 color는 속성이고 red는 속성의 값이다.

예제 1-4   간단한 CSS 규칙

```
body { color: red; }
```

속성명들은 CSS 명세에 미리 정의되어 있어야 한다. 이는 속성명들을 바로 만들어서 사용할 수 없다는 것을 의미한다. 각 속성에는 그 속성에 알맞은 형식을 써야 하고 그 형식에 맞는 여러 값들을 대입할 수 있다.

예를 들어, red와 같은 키워드를 미리 정의하거나 HTML의 color 코드표기법을 이용하여 색을 지정할 수 있다. 이때 16진법을 사용한다 : Red, Green, Blue 값(왼쪽에서 오른쪽 방향으로)을 나타내는 세 쌍의 16진수(0–F). 측정을 위한 속성에는 10px, 75%, 1em 같은 값을 대입할 수 있다. 예제 1–5는 선언의 일반적인 예를 보여준다(background-color 속성 값인 #8080은 "gray"이다).

예제 1-5 CSS 선언

```
body {
    color: red;
    background-color: #808080;
    font-size: 12px;
    font-style: italic;
    font-weight: bold;
    font-family: Arial;
}
```

선택자로 사용되는 것은 다양하게 올 수 있다. 모든 하이퍼링크(a 엘리먼트)를 이탤릭체로 출력하고 싶다면 CSS에 다음과 같이 추가하면 된다.

```
a { font-style: italic; }
```

더 구체적으로 h1 태그 안에 포함된 하이퍼링크를 이탤릭체로 표현하고 싶다면 CSS 안에 다음과 같이 추가한다.

```
h1 a { font-style: italic; }
```

HTML에 id나 class 속성을 추가하여 사용자 선택자들을 정의할 수도 있다. 다음 HTML의 일부를 살펴보자.

```
<h1 class="loud">Hi there!</h1>
<p id="highlight">Thanks for visiting my web page.</p>
```

```
<p>I hope you like it.</p>
<ul>
    <li class="loud">Pizza</li>
    <li>Beer</li>
    <li>Dogs</li>
</ul>
```

위의 HTML의 CSS에 `.loud { font-style: italic; }`을 추가했다면 loud class 속성을 포함한 `Hi there!`와 `Pizza`는 이탤릭체로 출력될 것이다. `.loud` 선택자에서 앞의 구두점(.)은 중요하다. 구두점(.)으로 CSS가 loud class를 가지고 있는 HTML 태그를 찾기 때문이다. 구두점(.)을 뺄 경우 CSS는 loud 태그를 찾지만 이 HTML에는 존재하지 않는 것으로 간주된다.

`id`도 CSS에 class와 유사하게 적용된다. 배경색을 노란색으로 채우기 위해 `highlight` 절(paragraph) 태그는 다음과 같이 정의한다.

```
#highlight { background-color: yellow; }
```

`#` 부호는 CSS에게 HTML 태그에서 id가 `highlight`인 것을 찾으라고 알려주는 것이다.

요점을 반복하자면, 태그명(즉, `body`, `h1`, `p`)에 의해 선택자 엘리먼트를 선택할 수도 있고, class 이름(즉, `.loud`, `.subtle`, `.error`)이나 id 이름(즉, `#highlight`, `#login`, `#promo`)으로 선택자 엘리먼트를 선택할 수도 있다. 그리고 선택자들을 함께 연결해서 사용하여 좀 더 특별하게 만들 수도 있다(즉, `h1 a`, `body ul .loud`).

class와 id 사이에는 차이점이 있다. class는 하나의 페이지에 같은 class 값을 가지고 있는 항목이 여러 개일 경우 사용하게 된다. 반대로 id는 한 페이지에 단 하나일 경우만 사용한다.

저자가 처음에 이것을 배울 때, 항상 그냥 class 속성을 사용하는 것으로 알았다. 그래서 id 값을 잘못 사용하고 있는지의 여부를 걱정할 필요가 없었다. 그러나 id에 의해 엘리먼트를 선택하는 것이 class에 의해 엘리먼트를 선택하는 것보다 훨씬 빠르다. 그래서 class 선택자를 지나치게 많이 사용하는 것은 성능을 저하시킬 수 있다.

여러분들은 지금 CSS의 기초를 이해했을 것이다. 그러나 CSS를 HTML 페이지에 어떻게 적용할 것인가? 그것은 실제로 아주 간단하다. 예제 1 6에서처럼 HTML 문서의 머리 부분에 스타일 시트를 연결해주기만 하면 된다. 이 예제에서 `href` 속성은 상대 경로이고 HTML 페이

지와 같은 디렉터리에 있는 screen.css 파일을 가리키고 있다. 다음과 같이 절대 경로를 지정
해줄 수도 있다.

```
http://example.com/screen.css
```

예제 1-6 CSS 스타일시트에 연결

```
<html>
    <head>
        <title>My Awesome Page</title>
        <link rel="stylesheet" href="screen.css" type="text/css" />
    </head>
    <body>
        <h1 class="loud">Hi there!</h1>
        <p id="highlight">Thanks for visiting my web page.</p>
        <p>I hope you like it.</p>
        <ul>
            <li class="loud">Pizza</li>
            <li>Beer</li>
            <li>Dogs</li>
        </ul>
    </body>
</html>
```

예제 1-7는 screen.css 코드이다. HTML 파일과 같은 디렉터리에 저장되어 있어야 한다.

예제 1-7 간단한 스타일시트

```
body {
    font-size: 12px;
    font-weight: bold;
    font-family: Arial;
}

a { font-style: italic; }
h1 a { font-style: italic; }

.loud { font-style: italic; }
#highlight { background-color: yellow; }
```

HTML 문서뿐 아니라 영역(Domain)에도 스타일시트를 연결하여 사용할 수 있다는 것을 기억해 두자. 하지만 허가 없이 다른 사람의 스타일시트를 연결하여 사용하는 것은 예의에 어긋나는 일이다. 자신이 만든 것만 연결하여 사용하도록 하자.

CSS에 대한 빠르고 보다 깊이 있는 학습을 위해서 Eric Meyer가 쓴 CSS Pocket Reference (O'Reilly)를 적극 추천한다. 이 책은 아침 출근길에 차 안에서 읽을 수 있을 정도로 짧지만 난이도가 있어 시간이 오래 걸릴 수도 있다.

JavaScript 소개

이 시점에서 여러분은 HTML로 문서를 구조화하여 작성하는 방법과 CSS를 가지고 시각적 프레젠테이션을 변경하는 방법을 알아야 한다. 여기에 내용을 채우기 위해 JavaScript를 추가할 것이다.

JavaScript는 사용자에게 좀 더 상호적이고 편리함을 제공하기 위해 HTML 페이지에 추가될 수 있는 스크립트 언어이다. 예를 들어, 폼에 타당한 값만을 입력하도록 하기 위해 JavaScript를 쓸 수 있다. 또는 사용자가 어디를 클릭했는가에 따라 페이지의 엘리먼트를 보였다 숨겼다 하는 기능을 만들고자 할 때도 JavaScript를 사용할 수 있다. JavaScript는 현재 웹 페이지의 "새로 고침" 없이 데이터베이스를 변경하기 위해 웹 서버에 접속할 수도 있다.

다른 스크립트 언어와 마찬가지로 JavaScript는 변수, 배열, 객체 그리고 모든 일반적인 제어 구조(if, while, for 등)를 가지고 있다. 예제 1-8은 JavaScript의 몇 핵심 개념을 설명하는 코드의 일부이다.

예제 1-8   기본 JavaScript 문법

```javascript
var foods = ['Apples', 'Bananas', 'Oranges']; ❶
for (var i in foods) { ❷
  if (foods[i] == 'Apples') { ❸
    alert(foods[i] + ' are my favorite!'); ❹
  } else {
    alert(foods[i] + ' are okay.'); ❺
  }
}
```

❶ 세 개의 요소를 가지고 있는 배열 foods를 정의한다.

❷ for 루프를 오픈한다. 변수 i는 배열 foods의 각 요소 인덱스로 사용된다.

❸ if 문은 배열 foods의 현재 요소가 Apples인지를 체크한다.

❹ 현재 배열의 요소가 Apples일 경우 출력한다.

❺ 현재 배열의 요소가 Apples가 아닐 경우 출력한다.

JavaScript의 문법에 대한 몇 가지 포인트이다 :

■ 각 명령 문장은 세미콜론(;)으로 끝난다.

■ 코드의 블록은 중괄호({})로 싸여 있다.

■ 변수는 var 키워드를 사용하여 선언된다.

■ 배열 요소들은 대괄호 표기법([])에 의해 접근될 수 있다.

■ 배열의 인덱스는 0부터 시작한다.

■ 하나의 이퀄(=) 기호는 대입 연산자이다.

■ 두 개의 이퀄(==) 기호는 같음을 나타내는 논리 연산자이다.

■ 플러스 기호(+)는 문자열 연결 연산자이다.

JavaScript의 가장 큰 특징은 HTML 페이지의 각 엘리먼트들 간에 상호작용을 할 수 있다는 것이다(전문가들은 이를 "DOM 조작하기"라고 부른다). 예제 1-9는 사용자가 h1 위를 클릭했을 때 페이지에 있는 몇 개의 텍스트를 변경하는 간단한 JavaScript이다.

DOM은 Document Object Model의 약어이다. 문맥 그대로의 의미는 HTML의 페이지에 대한 브라우저의 이해를 말한다. 여기 사이트로 가면 Document Object Model에 대한 더 많은 정보를 얻을 수 있다 : http://en.wikipedia.org/wiki/Document_Object_Model.

예제 1-9 OnClick handler

```html
<html>
    <head>
        <title>My Awesome Page</title>
        <script type="text/javascript" charset="utf-8"> ❶
            function sayHello() { ❷
                document.getElementById('foo').innerHTML = 'Hi there!'; ❸
            } ❹
        </script> ❺
    </head>
    <body>
        <h1 id="foo" onclick❻="sayHello()">Click me!</h1>
    </body>
</html>
```

❶ HTML 문서의 head에 스크립트 블록을 추가하였다.

❷ 스크립트 블록 내부에 sayHello()라는 JavaScript 함수를 정의하였다.

❸ sayHello() 함수는 하나의 명령문을 포함하고 있다. 이 명령문은 id가 foo인 엘리먼트를 찾아서 innerHTML 내용을 'Hi there!'로 바꾸는 것이다. 그 결과 사용자가 "Click me!"라고 출력되어 있는 h1 엘리먼트를 클릭하면 "Click Me" 문자열이 "Hi there!"로 변경된다.

❹ sayHello() 함수의 끝이다.

❺ 스크립트 블록의 끝이다.

❻ h1 엘리먼트의 onclick 속성은 사용자가 h1 위를 클릭했을 때 브라우저가 sayHello() 함수를 실행시키도록 한다.

웹 개발이 매우 불편했던 시절이 있었다. 서로 다른 브라우저는 JavaScript에 대해 다르게 지원했다. 이 의미는 Safari 2에서 실행되는 코드가 Internet Explorer 6에서는 실행되지 않는다는 것이다. 우리가 만든 코드를 모든 사용자가 사용하도록 하기 위해서는 각 브라우저에서 테스트를 해야 하는 수고가 늘 따랐다. 심지어 같은 브라우저의 다른 버전도 테스트가 이루어져야 했다. 브라우저의 개수와 브라우저 버전은 계속 늘어가기 때문에 우리가 만든 JavaScript 코드를 모든 환경에서 테스트하고 관리한다는 것은 불가능한 일이었다. 그 당시 JavaScript를 포함한 웹 프로그래밍은 정말 지옥과 같았다.

jQuery! jQuery는 JavaScript 코드를 다양한 종류의 브라우저에서 똑같이 동작할 수 있는 방법을 제공해주는 상대적으로 작은 라이브러리다. 일반적인 웹 개발 업무를 매우 단순화시켰다고 할 수 있다. 이러한 이유로 저자는 대부분의 웹 개발 작업에 jQuery를 사용한다. 이 책에서도 JavaScript 예제를 위해 사용될 것이다. 예제 1-10은 예제 1-9를 jQuery를 이용하여 다시 작성한 것이다.

예제 1-10 jQuery OnClick handler

```
<html>
    <head>
        <title>My Awesome Page</title>
        <script type="text/javascript" src="jquery.js"></script> ❶
        <script type="text/javascript" charset="utf-8">
            function sayHello() {
                $('#foo').text('Hi there!'); ❷
            }
        </script>
    </head>
    <body>
        <h1 id="foo" onclick="sayHello()">Click me!</h1>
    </body>
</html>
```

❶ jquery.js 라이브러리를 포함시켰다. 상대경로를 사용하였기 때문에 이 라이브러리를 사용하는 페이지와 같은 디렉터리에 존재한다. 하지만 서로 다른 여러 곳에서 사용할 수 있도록 절대 경로를 포함할 수도 있다.

❷ h1 엘리먼트에 있는 텍스트를 대체하는 데 필요한 코드의 양이 줄었다. 이렇게 간단한 예제에서는 전체적으로 코드의 양이 많이 줄었다고 느껴지지 않겠지만 복잡한 프로젝트에서는 생명의 은인으로 느껴질 만큼 큰 소득을 얻게 된다.

나중에 많은 jQuery의 실제 예제를 보게 될 것이다.

http://jquery.com에서 jQuery 다운로드, 문서 및 자습서를 사용할 수 있다. jQuery를 사용하기 위해서는 웹사이트로부터 다운로드 받아야 하고 다운로드 받은 파일(jquery-1.3.2.min.js)의 이름을 jquery.js로 변경한다. 그리고 HTML문서가 있는 디렉터리로 복사한다.

Chapter 02

기본 아이폰 스타일링

궁극적으로 우리는 HTML, CSS, JavaScript를 이용하여 native 아이폰 애플리케이션을 작성할 것이다. 이 여정의 첫 단계는 아이폰 애플리케이션처럼 보이도록 HTML을 자연스럽게 스타일링 하는 것이다. 이 장에서는 사용자들이 이이폰에서 쉽게 항해할 수 있도록 기존의 HTML 페이지에 CSS 스타일을 적용하는 방법을 보여줄 것이다. 추가적으로 native app 작성에 좀 더 근접해감으로써 즉시 사용할 수 있는 실제적이고 가치 있는 기술을 배울 것이다.

웹사이트를 가지고 있지 않은가?

여러분이 개인용 컴퓨터에서 그 컴퓨터에 저장된 웹 페이지들을 테스트할 경우 서버를 설치하지 않고는 아이폰에서 그 웹 페이지들을 볼 수 없다. 따라서 여러분은 다음 몇 가지 중 선택하여 작업해야 한다.

- 웹 서버에 웹 페이지를 올리고 아이폰에서 그 서버에 연결한다(인터넷 서비스 제공자는 아마 무료 웹 호스팅 서비스를 제안할 것이다).
- 개인용 컴퓨터에서 실행되고 있는 웹 서버에 웹 페이지를 올리고 아이폰으로 이 웹 서버에 접속한다. 이는 아이폰과 컴퓨터가 통일힌 WiFi 네트워크에 있을 경우에만 동작한다.
- 아이폰이 없을 경우 Safari를 사용하여 시뮬레이션할 수 있다. Safari의 고급 환경 설정에서, Develop 메뉴를 활성화한다. 그리고 Develop→User Agent로 가서 시뮬레이션할 Mobile Safari의 버전을 선택한다.

이 장에서는 여러분이 보는 예제들을 그대로 시도해 볼 수 있다. 여러분이 웹 페이지를 보기 위해 어떤 옵션을 선택했는지와 상관없이 무엇인가를 새로 추가하고 그 예제 파일을 저장할 때마다 아이폰의 브라우저를 다시 불러오기만 하면 된다.

첫 번째 단계

"백문이 불여일견"이라고 했다. 안으로 들어가보자.

여러분이 아이폰화시키고 싶은 웹사이트를 가지고 있다고 상상해보자(그림 2-1). 여기서 아이폰을 위한 사이트를 최적화하기 위해 쉽게 할 수 있는 몇 가지 일들이 있다. 이 장에서 여러분의 옵션들을 검토해 볼 것이다.

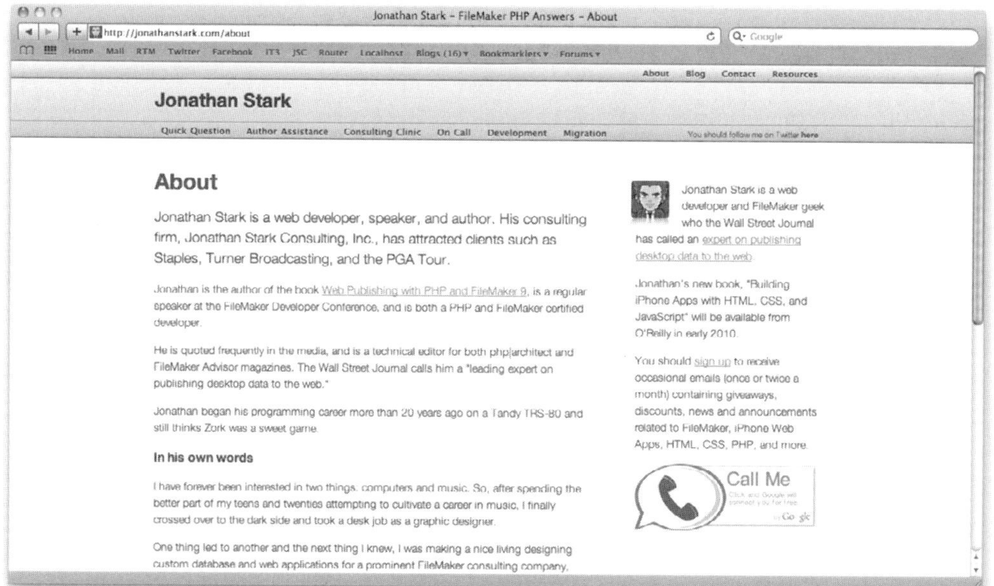

[그림 2-1] 컴퓨터 Safari에서 전형적인 웹 페이지의 데스크 탑 버전

그림 2-2는 동일한 웹 페이지가 아이폰에 보이는 모습이다. 사용 가능하기는 하지만 아이폰에 최적화되기는 어렵다.

[그림 2-2] 동일한 웹 페이지가 아이폰에 보이는 모습

예제 2-1은 그림 2-1에서 보인 웹 페이지에 대한 HTML의 축소된 버전을 보여주고 있다. 이 코드가 이 장에서 작업할 HTML이다. 여러분이 이 장을 통해 스타일링을 시도해보고 싶다면 이 책의 웹사이트에서 다운로드 받을 수 있다. 데스크 탑 스타일시트(screen.css)는 필수적인 것은 아니기 때문에 제시하지 않을 것이다. 작업해보기를 원한다면 1장을 참고하기 바란다.

예제 2-1   우리가 스타일링할 HTML 문서

```html
<html>
<head>
  <link rel="stylesheet" href="screen.css" type="text/css" />
  <title>Jonathan Stark</title>
</head>
<body>
<div id="container">
  <div id="header">
    <h1><a href="./">Jonathan Stark</a></h1>
    <div id="utility">
```

```
        <ul>
            <li><a href="about.html">About</a></li>
            <li><a href="blog.html">Blog</a></li>
        </ul>
    </div>
    <div id="nav">
        <ul>
            <li><a href="consulting-clinic.html">Consulting Clinic</a></li>
            <li><a href="on-call.html">On Call</a></li>
            <li><a href="development.html">Development</a></li>
        </ul>
    </div>
</div>
<div id="content">
  <h2>About</h2>
  <p>Jonathan Stark is a web developer, speaker, and author. His
     consulting firm, Jonathan Stark Consulting, Inc., has attracted
     clients such as Staples, Turner Broadcasting, and the PGA Tour.
     ...
     </p>
</div>
<div id="sidebar">
  <img alt="Manga Portrait of Jonathan Stark"
      src="images/manga.png"
  <p>Jonathan Stark is a mobile and web application developer who the
     Wall Street Journal has called an expert on publishing desktop
     data to the web.</p>
</div>
<div id="footer">
  <ul>
      <li><a href="services.html">Services</a></li>
      <li><a href="about.html">About</a></li>
      <li><a href="blog.html">Blog</a></li>
  </ul>
  <p class="subtle">Jonathan Stark Consulting, Inc.</p>
</div>
</div>
</body>
</html>
```

수년 동안 웹 개발자들은 그리드에 항목들을 출력하기 위해 테이블을 사용했다. 이러한 사용을 위한 CSS와 HTML의 진보는 절대적이지만 비합리적이기도 하다. 요즘에는 주로 이와 같은 작업을 하기 위해 더 이상 컨트롤을 사용하지 않고 div 엘리먼트(다양한 속성과 함께)를 사용한다. 비록 div 기반 레이아웃에 대한 전체 설명은 이 책 범위 밖이지만 이 책의 여러 장에서 많은 예를 보게 될 것이다. 더 많은 것을 알고자 할 경우에는 Jeffrey Zeldman이 저술한 Designing with Web Standards 책을 참고하기 바란다. 이 책은 이에 대한 이슈를 매우 세밀하게 다루고 있다.

아이폰만의 스타일시트 준비하기

저자는 대부분의 사람들처럼 어느 정도는 DRY하다. 그러나 형편이 좋아진 요즘은 데스크톱 브라우저 스타일시트와 아이폰 스타일시트 사이에 명백한 단절을 가져왔다. 즉, 완전히 독립적인 두 파일을 만들었다. 이 대안은 하나의 스타일시트에 CSS 규칙을 모두 완벽하게 적용하여 더이상 여러 이유로 사용했던 나쁜 코드를 사용하지 않는 것이다. 명백한 사실은 귀중한 자원인 대역폭과 메모리의 낭비를 가져오는, 폰과는 전혀 무관한 데스크톱 스타일 규칙들을 폰에 보내고 있다는 것이다.

DRY는 "Don't Repeat Yourself"의 의미를 가지고 있고 "지식의 각 조각은 시스템 내에서 모호하지 않고 권위적인 대표로서의 하나를 완성해야 한다."라는 소프트웨어 개발 원리를 설명하고 있다. 이 용어는 Andrew Hunt와 David Thomas가 그들의 저서인 The Pragmatic Programmer(Addison-Wesley)에서 처음 사용하였다.

아이폰을 위한 스타일시트를 지정하기 위해서 HTML 문서에 있는 스타일시트 링크 태그를 다음 코드로 바꾼다.

```
<link rel="stylesheet" type="text/css"
    href="iphone.css" media="only screen and (max-width: 480px)" />
<link rel="stylesheet" type="text/css"
    href="desktop.css" media="screen and (min-width: 481px)" />
```

여기서 desktop.css는 여러분이 가지고 있는 데스크톱 스타일시트이고 iphone.css는 이후에 자세히 살펴볼 새로운 파일이다.

여러분이 이전에 작성한 HTML문서를 그대로 사용하여 이 과정을 따라간다면 screen.css 파일명을 desktop.css로 변경해야 한다. 하지만 아이폰 스타일시트에 중점을 두고 있기 때문에 데스크 탑 스타일시트는 무시해도 좋다. 만약 로드에 실패해도 브라우저에 크게 이상이 생기지는 않는다.

유감스럽게도, Internet Explorer는 이전의 코드를 이해하지 못한다. 그래서 IE의 특정 버전 CSS를 연결하는 조건부 코멘트를 추가해야만 한다.

```
<link rel="stylesheet" type="text/css"
    href="iphone.css" media="only screen and (max-width: 480px)" />
<link rel="stylesheet" type="text/css"
    href="desktop.css" media="screen and (min-width: 481px)" />
<!--[if IE]>
<link rel="stylesheet" type="text/css" href="explorer.css" media="all" />
<![endif]-->
```

HTML 문서를 편집해보자. screen.css 파일에 있는 `link`를 삭제하고 위 코드를 추가한다. 이런 방법으로 이 장에서는 아이폰에 특화된 CSS를 작성할 것이다.

페이지 크기 제어하기

여러분이 다르게 바꾸지 않는 한 아이폰에 있는 Safari는 페이지의 너비를 980px로 가정한다(그림 2-3). 대다수의 경우 이것은 매우 중요한 작업이다. 콘텐츠에 맞게 더 작은 형태로 바꾸기 위해서는 HTML 문서의 `head`에 뷰포트 메타 태그를 추가하여 모바일 Safari가 그것을 인식할 수 있도록 해야 한다.

```
<meta name="viewport" content="user-scalable=no, width=device-width" />
```

뷰포트 너비를 설정하지 않으면 페이지가 처음 로드될 때 화면 밖으로 확대될 것이다.

뷰포트 메타 태그는 모바일 Safari 이외의 브라우저에서는 무시된다. 그래서 데스크 탑에서 사용하는 사이트에 대해 걱정하지 않고 코드를 추가해도 된다.

단순히 데스크톱 스타일시트를 사용하지 않고 뷰포트를 구성하는 것으로 우리는 이미 아이폰 사용자에게 향상된 경험을 제공하고 있다(그림 2-4). 사용자가 좀 더 감동받을 수 있도록 iphone.css 스타일시트의 제작을 시작해보자.

[그림 2-3] 아이폰은 정상적인 웹 페이지의 너비가 980px이라고 가정한다

[그림 2-4] 페이지를 잘 읽을 수 읽도록 뷰포트에 장치의 너비를 설정한다.

아이폰 CSS 추가하기

아이폰 애플리케이션은 그것만의 다수의 사용자 인터페이스(UI) 규칙(컨벤션)을 가지고 있다. 다음 섹션에서는 특유의 타이틀바, 모서리가 둥근 리스트, 광택 있는 버튼처럼 보이는 터치스크린 링크 등을 추가할 것이다. iphone.css라는 이름으로 파일을 만들어 예제 2-2에 있는 코드를 추가한 후 HTML 문서와 같은 디렉터리에 저장한다.

예제 2-2 HTML body 엘리먼트에 일반적인 사이트 너비 스타일로 설정

```css
body {
    background-color: #ddd; /* Background color */
    color: #222;            /* Foreground color used for text */
    font-family: Helvetica;
    font-size: 14px;
    margin: 0;              /* Amount of negative space around the outside of the body */
    padding: 0;             /* Amount of negative space around the inside of the body */
}
```

문서의 전체 글꼴을 Helvetica로 설정하였다는 것을 유의하여 보길 바란다. 이 글꼴은 아이폰에서 가장 많이 사용되는 글꼴이다. 좀 더 전문성 있게 보이게 하고 싶다면 특별한 이유가 없는 한 Helvetica로 설정하는 것이 좋을 것이다.

메인 홈 링크(즉, logo 링크), 첫 번째와 두 번째 사이트 탐색을 포함하는 header div의 스타일을 변경해보자. 타이틀 바를 클릭할 수 있는 logo 링크 형태로 바꾸기 위해서 먼저 iphone.css 파일에 다음 코드를 추가한다.

```css
#header h1 {
    margin: 0;
    padding: 0;
}
#header h1 a {
    background-color: #ccc;
    border-bottom: 1px solid #666;
    color: #222;
    display: block;
    font-size: 20px;
    font-weight: bold;
```

```
        padding: 10px 0;
        text-align: center;
        text-decoration: none;
    }
```

첫 번째, 두 번째 탐색의 ul 블록을 동일한 형태로 제작하기 위해서 id 태그를 나열하여 사용 (즉, #header ul#utility, #header ul#nav)하는 대신 일반적인 태그 선택자를 사용(즉, #header ul)할 수 있다.

```
    #header ul {
        list-style: none;
        margin: 10px;
        padding: 0;
    }
    #header ul li a {
        background-color: #FFFFFF;
        border: 1px solid #999999;
        color: #222222;
        display: block;
        font-size: 17px;
        font-weight: bold;
        margin-bottom: -1px;
        padding: 12px 10px;
        text-decoration: none;
    }
```

지금까지는 꽤 간단했다. 짧은 CSS 코드로 아이폰 페이지 디자인을 크게 향상시켰다(그림 2-5). 다음은 화면의 가장자리로부터 텍스트가 들여쓰기한 형태로 출력되게 하기 위해 content와 sidebar div에 약간의 padding을 추가한다(그림 2-6).

```
    #content, #sidebar {
        padding: 10px;
    }
```

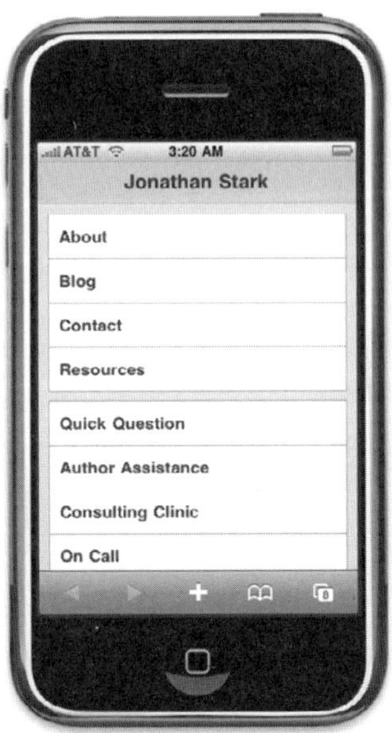

[그림 2-5] 짧은 CSS 코드로 아이폰 애플리케이션의 활용을 향상시킬 수 있다.

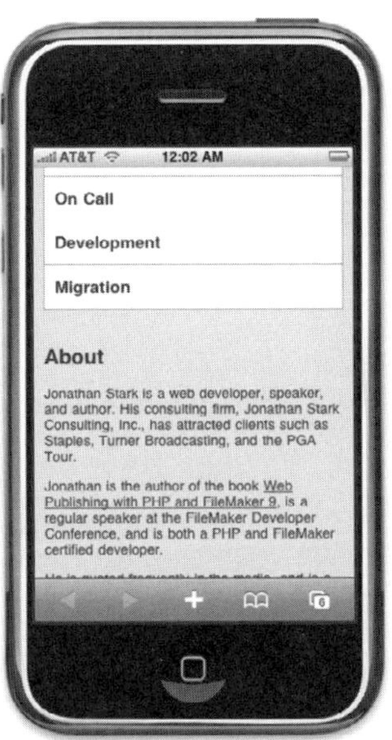

[그림 2-6] 가장자리로부터 텍스트를 들여쓰기한 형태로 출력한다.

> 여러분은 왜 바깥쪽 엘리먼트인 body 대신에 content와 sidebar 엘리먼트에 padding을 추가
> 했는지 의아할 것이다. 그 이유는 가장자리에 출력하고 싶은 엘리먼트는 가장자리에 가지고 있
> 는 것이 일반적이기 때문이다(이 예제에서 header에 가지고 있는 것처럼). 따라서 padding을
> body나 다른 외부 엘리먼트에 적용하는 것은 많은 문제를 발생시킬 수 있다.

이 페이지의 footer에 있는 내용은 기본적으로 페이지의 상단에 있는 탐색 엘리먼트의 반복
이다(id nav와 함께 사용된 ul 엘리먼트). 그래서 footer의 display를 none으로 설정하여 페
이지의 아이폰 버전은 footer를 제거할 수 있다.

```
#footer {
    display: none;
}
```

아이폰에 모양과 느낌 추가하기

이제는 좀 더 많은 아이폰 애호가들을 확보해보자. 페이지의 상단부터 시작하여 logo 링크
텍스트에 1px의 흰 그림자를 추가하고 배경에 CSS gradient를 추가한다:

```
#header h1 a {
    text-shadow: 0px 1px 0px #fff;
    background-image: -webkit-gradient(linear, left top, left bottom,
                                from(#ccc), to(#999));
}
```

text-shadow 선언에서 왼쪽부터 오른쪽 순으로 파라미터의 의미는 가로 옵셋, 세로 옵셋, 불
투명도, 색상 값이다. 앞에서 보인 값들이 아이폰에 어울리기 때문에 여러분은 대부분 이 값
들을 그대로 추가할 것이다. 하지만 text-shadow 값은 디자인에 세밀하고 정교한 터치를 적
용할 수 있기 때문에 이 값을 변경하여 테스트해 보는 것도 재미있다.

-webkit-gradient 라인은 특별한 주의가 필요하다. 이것은 브라우저에게 gradient 이미지
를 생성하라는 명령이다. 그러므로 CSS gradient는 일반석으로 url()을 지정하는 곳 어디
에서나 사용될 수 있다(즉, background 이미지, list 스타일 이미지). 왼쪽부터 오른쪽 순으로

파라미터의 의미는 다음과 같다: gradient 타입(linear 또는 radial), gradient의 시작 포인트(left top, left bottom, right top, right bottom 중 하나), gradient의 끝 포인트, 시작 색상, 끝 색상.

네 개의 gradient 값인 시작과 끝 점(즉, left top, left bottom, right top, right bottom)의 수평, 수직 부분을 뒤집을 수 없다는 것에 유의해야 한다. 즉, top left, bottom left, top right, bottom right 값은 사용할 수 없다.

다음 단계는 탐색 메뉴에 rounded corner를 추가하는 것이다.

```
#header ul li:first-child a {
    -webkit-border-top-left-radius: 8px;
    -webkit-border-top-right-radius: 8px;
}
#header ul li:last-child a {
    -webkit-border-bottom-left-radius: 8px;
    -webkit-border-bottom-right-radius: 8px;
}
```

위 코드에 보이는 것처럼, 첫 번째 리스트 항목의 두 top corner와 마지막 리스트 항목의 양 bottom corner에 8px 반경 값을 적용하기 위해서 -webkit-border-radius 속성에 특정 모서리 버전을 사용하고 있다(그림 2-7).

ul을 싸고 있는 선의 두께를 적용할 수 있다면 좋겠지만 제대로 적용되지 않는다. 적용할 경우 차일드 리스트 아이템의 square corner가 ul의 rounded corner 밖으로 나오는 현상이 발생한다. 따라서 오히려 부정적인 효과를 낳게 된다.

기술적으로 ul의 배경색을 흰색으로 하고 자식 엘리먼트를 투명하게 지정하는 방법으로 둥근 리스트를 만드는 효과를 낼 수도 있다. 그러나 리스트의 첫 번째나 마지막 아이템을 클릭했을 때 탭 하이라이트는 각진 모양이 되어 보기 좋지 못하다. 가장 바람직한 방법은 여기서 보인 것처럼 태그들 자체에 라운딩을 적용하는 것이다.

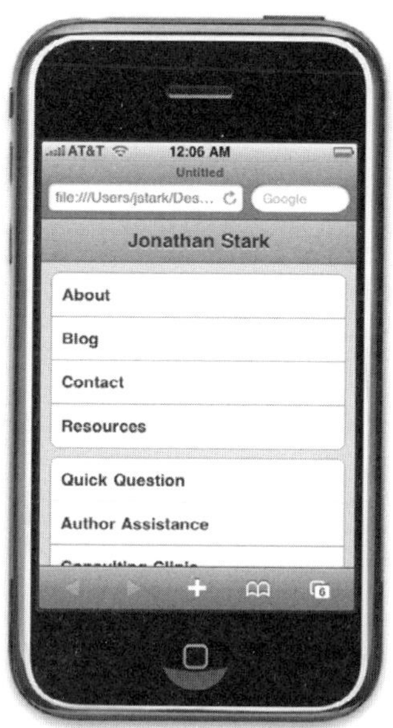

[그림 2-7] Gradients, text shadows, rounded corners는 웹 페이지를
native 아이폰 app처럼 보이게 변환시키기 위한 시작이다.

jQuery와 기본적인 동작 추가하기

아이폰을 위한 web app 작성에 관해 가장 마음에 드는 것 중에 하나는 JavaScript 사용이 확실히 가능하다는 것이다. 유감스럽게도 데스크톱 브라우저를 위한 웹 사이트를 만들 때는 그렇지 못하다. 다음 단계는 기본적인 동작을 지원하기 위해 페이지에 JavaScript를 추가하는 것이다. 특별히 사용자가 원할 때만 볼 수 있도록 header에 보이고 숨기는 기능을 허용하려고 한다. 이 동작을 추가하기 위해서 새로운 CSS를 만들고 기존의 HTML에 JavaScript를 사용하여 CSS를 적용한다.

우선 새로운 CSS를 살펴보자. 첫 단계는 header에서 ul 엘리먼트를 숨기어 사용자가 페이지를 처음 로드할 때 볼 수 없도록 한다. iphone.css 파일을 열어 다음 코드를 추가하자.

```
#header ul.hide {
    display: none;
}
```

다음은 메뉴를 보이게 하거나 숨기게 할 버튼의 스타일을 정의할 것이다. 버튼은 아직 HTML
에 존재하지 않는다. 참고로 HTML 버튼은 다음과 같이 될 것이다.

```
<div class="leftButton" onclick="toggleMenu()">Menu</div>
```

잠시 후, HTML 버튼을 상세히 설명할 것이다. 아직 위의 코드를 HTML 파일에 추가하지 않
도록 한다. 중요한 점은 leftButton class를 가진 div이고 이는 header에 있다는 것이다.

아래 코드는 버튼을 위한 CSS 스타일이다(iphone.css 파일에 코드를 추가한다).

```
#header div.leftButton {
    position: absolute;❶
    top: 7px;
    left: 6px;
    height: 30px;❷
    font-weight: bold;❸
    text-align: center;
    color: white;
    text-shadow: rgba(0,0,0,0.6) 0px -1px 0px;❹
    line-height: 28px;❺
    border-width: 0 8px 0 8px;❻
    -webkit-border-image: url(images/button.png) 0 8 0 8;❼
}
```

이 장에서 사용된 그래픽들을 사용하려면 http://jqtouch.com/에서 jQTouch를 다운받은 후
themes/jqt/img 디렉터리에서 복사한다. 그리고 HTML 문서를 포함하고 있는 디렉터리 아래의
image 서브디렉터리에 붙여넣기 한다(아마도 image 디렉터리를 생성해야 할 것이다).
jQTouch는 4장에서 자세히 다룰 것이다.

❶ 문서에서 div를 제거하기 위해 position을 absolute로 설정했다. 이것은 top, left pixel
좌표를 직접 설정하도록 허용하는 것이다.

❷ height를 30px로 설정했다. 이 값은 쉽게 탭할 수 있는 충분한 크기이다.

❸ 텍스트 스타일을 굵게 설정했다. 약간의 그림자가 있고 박스 중앙에 배치된다.

❹ CSS에서 rgb 함수는 16진법 표기법으로 일반적으로 색상을 지정할 때 사용된다(즉,

#FFFFFF). rgb(255,255,255)와 rgb(100%,100%,100%)는 모두 #FFFFFF와 같다. 최근에는 rgba() 함수가 소개되었는데 네 번째 파라미터는 색상의 알파 값(즉, 불투명도)을 지정할 수 있다. 허용되는 값의 범위는 0에서 1이다. 0은 완전한 투명을 나타내고 1은 완전한 불투명을 나타낸다. 0에서 1사이의 10진 값은 반투명 상태를 만든다.

❺ line-height 선언은 박스 안에서 텍스트를 아래로 이동한다. 그래서 박스의 위쪽 경계선에 텍스트가 달라붙은 형태를 띠지 않는다.

❻ border-width와 -webkit-border-image 라인은 약간의 설명이 필요하다. 이 두 속성은 모두 엘리먼트의 경계 영역에 하나의 이미지의 일부분을 할당할 수 있도록 허용한다. 이는 div를 중첩해서 쓰거나 이미지를 topLeftCorner.png, topRightCorner.png 등으로 자르는 일은 더 이상 무의미하다는 것을 말한다. 텍스트가 증가하거나 감소하여 박스의 크기가 변경된다면 경계 이미지는 그것을 수용하기 위해 늘어나거나 줄어들 것이다. 이것은 실제 대단한 기능이다. 이미지가 적을수록 작업과 대역폭이 줄어들고, 로드 시간이 짧아진다.

border-width라인으로 top에 0 border, right에 8px border, bottom에 0-width border, left에 9px-width border를 적용하였다(즉, 네 개의 파라미터는 박스의 top부터 시작하여 시계 방향으로 각 코너의 border를 나타낸다). border의 색상이나 스타일을 지정할 필요는 없다는 것을 명심하자.

❼ 여기에는 border의 넓이와 border 이미지를 적용할 수 있다. 왼쪽에서 오른쪽 순으로 다섯 개의 파라미터는 이미지의 url, top width, right width, bottom width, left width(마찬가지로, top부터 시계방향)을 지정한다. url은 절대경로(http://exmaple.com/myBorderImage.png)와 상대경로 모두 가능하다. 상대경로는 스타일시트를 포함하고 있는 HTML 페이지의 위치가 아닌 스타일시트의 위치를 기준으로 한다.

저자는 border 이미지 속성을 처음 접했을 때 이미 border-width 속성을 설정했는데 또 border widths를 지정해야만 하는 것이 이상했다. 여러 번의 시행착오 끝에 border-image 속성에 있는 widths는 border widths가 아니라는 것을 알았다. 그것은 이미지를 자르기 위한 widths이다. right border를 가지고 예를 들면 브라우저가 이미지의 왼쪽 부분의 8px을 right border에 적용하도록 하면 8px의 너비가 만들어진다.

이미지의 오른쪽 부분 4px을 20px 너비의 border에 적용하는 것과 같은 작업은 분명 불합리한 것이다. 합리적으로 작업하기 위해서는 사용가능한 border 공간에서 이미지의 어떤 조각 부분을 사용할지를 지정하는 webkit-border-image의 파라미터를 사용해야만 한다(옵션 : repeat, stretch, round 등).

우리가 작성할 JavaScript를 HTML 문서에 적용하려면 여러분은 HTML 문서에 jquery.js와
iphone.js를 포함시키기 위한 다음 코드를 HTML 문서의 head 섹션에 추가한다.

```
<script type="text/javascript" src="jquery.js"></script>
<script type="text/javascript" src="iphone.js"></script>
```

jQuery 다운로드, 문서, 튜토리얼은 http://jquery.com에서 구할 수 있다. jQuery를 사용하려면
웹 사이트에서 다운로드 받은 후 그 파일의 이름을 변경해야 한다(다운로드 받을 파일 jquery-
1.3.2.min.js를 jquery.js로 변경). 그리고 HTML 문서와 같은 디렉터리로 옮겨 놓는다.

우리가 작성하는 JavaScript는 사용자에게 탐색 메뉴를 보이거나 숨기는 기능을 제공하는
것이다. 다음 JavaScript 코드를 iphone.js 파일에 작성하고 HTML 파일과 같은 폴더에 저
장한다.

```
if (window.innerWidth && window.innerWidth <= 480) { ❶
    $(document).ready(function(){ ❷
        $('#header ul').addClass('hide'); ❸
        $('#header').append('<div class="leftButton"
            onclick="toggleMenu()">Menu</div>'); ❹
    });
    function toggleMenu() {
        $('#header ul').toggleClass('hide'); ❺
        $('#header .leftButton').toggleClass('pressed'); ❻
    }
}
```

❶ 전체 페이지는 if문으로 싸여있는데 이 조건문에서는 윈도우 객체의 innerWidth 속성이
　존재하고(일부 Internet Explorer 에서는 존재하지 않는다.) 윈도우 객체의 너비가 480(아
　이폰의 최대 너비)보다 작거나 같은지를 체크한다. 이 라인의 추가는 사용자가 아이폰이나
　유사한 크기의 다른 장치에서 페이지를 탐색할 때만 코드가 실행되도록 보장한다.

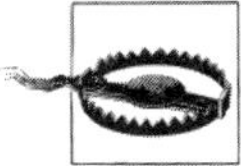

"웹사이트를 가지고 있지 않은가?"에서 설명한 대로 Safari의 데스크톱 버전을 사용하여 아이폰 웹 페이지를 테스트하고 있다면 브라우저의 윈도우의 너비가 너무 크기 때문에 `if` 문은 실패할 것이다. 해결방법으로 브라우저를 아이폰다운 크기로 바꾸기 위해 Safari의 주소창에 다음 코드를 입력한다.

```
javascript:window.scrollTo(0,0);resizeTo(320,480);
```

출력되는 내용이 많을 때는 길쭉하게 보이게 하기 위해 높이(height)값을 증가시키는 것도 때로는 도움이 된다(그림 2-10).

❷ "document ready"라고 불리는 함수를 사용했다. jQuery를 처음 다루는 분들은 좀 어렵게 느껴질 수도 있고 이 문법을 익히기 위해 어느 정도의 시간이 걸릴 수도 있다. 그러나 자주 사용되기 때문에 익숙하게 사용할 수 있도록 시간을 투자해야 한다. document ready함수는 기본적으로 "문서가 준비될 때 코드를 실행한다." 라는 의미이다. 여러 가지 이유로 인해 이는 매우 중요하다.

❸ header에 `ul`을 선택하고 거기에 "hide" class를 추가하는 것으로 시작하는 전형적인 jQuery 코드이다. `hide`는 앞에 CSS에서 사용했던 셀렉터라는 것을 기억하자. 이 라인은 header ul 엘리먼트를 "hide"시키는 기능을 한다. 문서에서 이 라인은 ready 함수에 싸여있지 않다는 것에 특히 주의하자. 이것은 `ul`이 로딩을 마치기도 전에 실행될 가능성이 높다는 것이다. 'JavaScript는 로드하고 `ul`은 아직 존재하지 않기 때문에 이 라인은 실패하고 페이지는 로드를 계속하고 `ul`은 나타나고...' 와 같이 실행된다는 것을 의미한다. 그러면 여러분은 JavaScript가 왜 작동하지 않는지를 이상하게 여기면서 머리를 긁적이거나 화가 나서 키보드를 부술지도 모른다.

❹ 사용자가 메뉴를 보이거나 숨길 수 있도록 헤더에 버튼을 추가했다(그림 2-8). 이는 우리가 이전에 `.leftButton`이라고 썼던 CSS에 해당하는 class를 가지고 있다. 그리고 이것은 `onclick` 함수인 `togglemenu()`라는 handler를 가지고 있다. 이 함수는 다음에 설명하겠다.

❺ `togglemenu()` 함수는 선택된 객체에 지정된 class를 추가하거나 삭제하기 위해 jQuery의 `toggleClass()` 함수를 사용한다. 이 라인에서 header ul에서 `hide` class를 토글링한다.

❻ header `leftButton`에서 `pressed` class를 토글링하고 있다.

[그림 2-8] jQuery를 이용하여 메뉴 버튼이 툴바에 동적으로 추가되었다.

우리는 아직 pressed class에 대해서 CSS를 작성하지 않았다. iphone.css로 이동하여 다음을 삽입한다.

```
#header div.pressed {
    -webkit-border-image: url(images/button_clicked.png) 0 8 0 8;
}
```

버튼 border를 위해 다른 이미지를 하나 설정했다(이는 약간 어두워 보인다). 이것은 메뉴를 두 가지 상태 즉, 보이거나 숨기게 하는 효과를 준다(그림 2-9).

[그림 2-9] 메뉴를 표시하기 위해 눌렀을 때 메뉴 버튼이 어둡게 보인다.

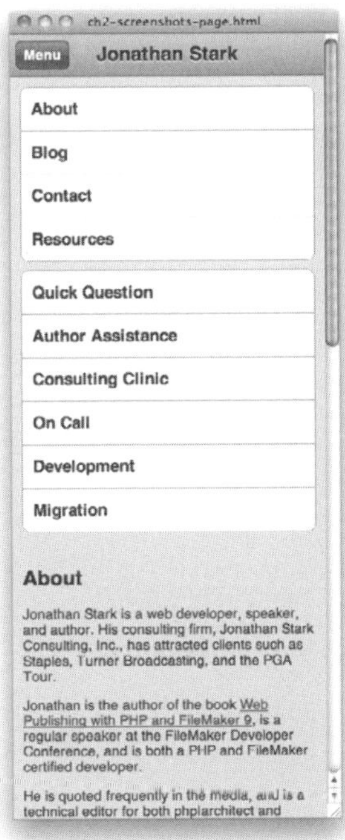

[그림 2-10] 기본적인 iPhone CSS의 길쭉한 모양이다.

이 장을 마치며

이 장에서는 기존의 웹 페이지를 좀 더 아이폰에 가까운 형태로 변경하는 기초들을 다루었다. 탐색 패널을 보이거나 숨기는 작업을 하기 위해 DHTML을 약간 사용하였다. 다음 장에서는 좀 더 향상된 JavaScript 개념들을 담고 있는 예제들을 작성할 것이다. 특히 Ajax도 약간 다루게 될 것이다.

Chapter 03

향상된 아이폰 스타일링

iPhone Apps with HTML, CSS, and JavaScript

Objective-C 없이 아이폰 애플리케이션을 작성하기 위해 우리는 지금까지 아이폰 애플리케이션처럼 **보이도록** HTML 페이지의 컬렉션을 스타일링 하는 CSS를 사용하는 방법을 배웠다. 이 장에서는 이 같은 페이지들이 아이폰 애플리케이션처럼 **동작하도록** 만들기 위한 기초를 다질 것이다. 특히, 전체 웹 사이트를 단일 페이지의 애플리케이션으로 설정하기 위해 Ajax의 사용 방법을 설명하고 JavaScript를 사용하여 이전 내용을 보는 back 버튼을 만드는 방법과 Web Clip 아이콘의 활용 방법을 알아볼 것이다. 그리고 사용자에게 Mobile Safari를 거치지 않고 애플리케이션을 시작할 수 있도록 하는 아이폰의 풀 스크린 모드에 대해 살펴보겠다.

Ajax의 터치 추가하기

Ajax라는 용어는 저자조차도 그것이 더 이상 원래 무엇을 의미하는지 알지 못할 정도로 전문용어가 되었다. 현재 페이지를 다시 로드(예를 들어, 일부 HTML을 검색하거나 폼을 submit하는 등)하지 않고 웹 서버에 요청을 보내기 위하여 JavaScript를 이용하는 기술을 참고하기 위해 Ajax를 사용할 것이다. 이러한 접근은 많은 변경이나 수고 없이 사용자에게 부드러운 경험을 제공한다.

예를 들어 외부 페이지를 동적으로 로드한다면 브라우저는 사용자에게 진행사항에 대한 표시나 에러를 주지 않는다. 게다가 back 버튼은 버튼이 눌려졌을 때의 동작 코드를 추가하지 않았다면 기대하는 것처럼 작동하지 않을 것이다. 즉, 괜찮은 Ajax 애플리케이션을 만들기 위해서는 많은 작업이 필요하다. 그럼에도 불구하고 그 문제를 감수하고 사용하는 이유는 몇 가지 장점이 있기 때문이다. 특히, 심지어 오프라인 상태일 때도 풀 스크린으로 실행할 수 있는 아이폰 애플리케이션을 만들 수 있도록 해준다.

교통경찰 역할을 하는 iphone.html 작성하기

다음에 나오는 일련의 예제들을 위해서 iphone.html이라는 이름으로 하나의 페이지를 작성하겠다. 이 페이지는 사이트의 모든 다른 페이지의 앞에 위치하여 일종의 교통경찰처럼 요청을 처리한다. 그것이 동작하는 방법을 보겠다. 첫 번째 로드에서 iphone.html은 사용자에게 사이트 탐색을 형태가 잘 맞춰진 버전으로 제공할 것이다. 이때 jQuery를 사용하여 nav 연결의 onclick 동작을 가로챈다. 그러면 사용자가 클릭했을 때 브라우저 페이지는 타겟 링크로 이동하지 않을 것이다. 오히려, jQuery는 원격 페이지에서 HTML의 일부를 로드하고 현재 페이지를 업데이트하여 사용자에게 데이터를 전달한다. 가장 기본적인 기능을 가지고 있는 버전의 코드를 가지고 시작하겠다. 우리가 하나씩 추가함에 따라 이것은 기능이 향상될 것이다.

iphone.html 래퍼 페이지에서의 HTML은 매우 간단한다(예제 3-1). head 섹션에서 title과 viewport 옵션을 설정하고 스타일시트(iphone.css)와 두 개의 JavaScript 파일(jquery.js와 iphone.js)을 연결한다.

jquery.js를 어디서 구하고, 이것으로 무엇을 하는지에 대한 자세한 설정을 보려면 "JavaScript 소개"를 보기 바란다.

body는 단지 두 개의 div 컨테이너를 가지고 있다: 하나는 h1 태그에 첫 제목을 가지고 있는 header고 다른 하나는 비어 있는 div 컨테이너이다. 이는 다른 페이지로부터 검색된 HTML의 단편들을 더이상 잡고 있지 않게 한다.

예제 3-1 간단한 HTML 래퍼 마크업은 사이트의 모든 다른 페이지의 앞에 위치하게 된다.

```html
<html>
<head>
    <title>Jonathan Stark</title>
    <meta name="viewport" content="user-scalable=no, width=device-width" />
    <link rel="stylesheet" href="iphone.css" type="text/css" media="screen" />
    <script type="text/javascript" src="jquery.js"></script>
    <script type="text/javascript" src="iphone.js"></script>
</head>
<body>
    <div id="header"><h1>Jonathan Stark</h1></div>
    <div id="container"></div>
</body>
</html>
```

iphone.css 파일로 이동하면 이전 예제에서 몇 개의 속성을 변환한 예제 3-2와 같은 코드를 볼 수 있다(예를 들어, #header h1 속성의 일부를 #header로 이동하였다). 그래도 전반적으로 모든 것이 이해될 것이다(그렇지 않다면 2장을 다시 살펴보기 바란다).

예제 3-2 페이지를 위한 기본 CSS는 이전 예제에서 약간 변환된 버전이다.

```css
body {
    background-color: #ddd;
    color: #222;
    font-family: Helvetica;
    font-size: 14px;
    margin: 0;
    padding: 0;
}
#header {
    background-color: #ccc;
    background-image: -webkit-gradient(linear, left top, left bottom, from(#ccc),
to(#999));
    border-color: #666;
    border-style: solid;
```

```css
    border-width: 0 0 1px 0;
}
#header h1 {
    color: #222;
    font-size: 20px;
    font-weight: bold;
    margin: 0 auto;
    padding: 10px 0;
    text-align: center;
    text-shadow: 0px 1px 0px #fff;
}
ul {
    list-style: none;
    margin: 10px;
    padding: 0;
}
ul li a {
    background-color: #FFF;
    border: 1px solid #999;
    color: #222;
    display: block;
    font-size: 17px;
    font-weight: bold;
    margin-bottom: -1px;
    padding: 12px 10px;
    text-decoration: none;
}
ul li:first-child a {
    -webkit-border-top-left-radius: 8px;
    -webkit-border-top-right-radius: 8px;
}
ul li:last-child a {
    -webkit-border-bottom-left-radius: 8px;
    -webkit-border-bottom-right-radius: 8px;
}
ul li a:active,ul li a:hover {
    background-color:blue;
    color:white;
}
#content {
    padding: 10px;
    text-shadow: 0px 1px 0px #fff;
}
```

```
#content a {
    color: blue;
}
```

iphone.js에 있는 JavaScript는 이 예제에서 모든 마술이 일어나는 곳이다. 한 줄씩 설명하고 있는 예제 3-3을 참고하기 바란다.

이 JavaScript는 index.html 문서를 로드하고 이 작업 없이는 제대로 작동하지 않게 된다. 여러분은 2장에서 만든 HTML 파일을 재사용해야 한다. 그리고 index.html이 이 장의 앞에서 작성한 iphone.html과 같은 디렉터리에 저장되었는지에 대한 확인이 필요하다. 그러나 링크의 타겟이 실제로 존재하지 않으면 여기에 링크된 어떤 것도 제대로 작동하지 않는다. 여러분은 이 파일들을 스스로 만들어도 되고 이 책의 웹 사이트에서 다운로드 받아도 좋다(http://oreilly.com/catalog/9780596805784/). about.html, blog.html, consulting.html 파일 생성은 같이 작동할 몇 가지 링크를 제공하게 된다. 이렇게 하기 위해서 index.html 파일을 몇 개 복사해서 각 복사된 파일명을 관련된 링크와 일치하게 바꾼다. 추가적이 효과를 얻기 위해 각 파일에 있는 h2 태그의 내용을 파일명과 일치하게 바꾼다. 예를 들어 blog.html 파일에 있는 h2는 `<h2>Blog</h2>`가 된다.

예제 3-3 iphone.js에 있는 JavaScript의 이 일부 코드는 페이지에 대한 링크를 Ajax 요청으로 바꾼다.

```
$(document).ready(function(){ ❶
    loadPage();
});
function loadPage(url) {❷
   if (url == undefined) {
      $('#container').load('index.html #header ul', hijackLinks);❸
   } else {
      $('#container').load(url + ' #content', hijackLinks);❹
   }
}
function hijackLinks() {❺
   $('#container a').click(function(e){❻
       e.preventDefault();❼
       loadPage(e.target.href);❽
   });
}
```

❶ DOM이 완료되었을 때 브라우저가 `loadPage()` 함수를 실행시키도록 jQuery의 document ready 함수를 이용한다.

❷ loadPage() 함수는 하나의 url 파라미터를 받는다. 그리고 그때 값이 보내졌는지의 여부를 확인한다(다음 라인에서).

❸ 함수에서 값이 보내지지 않았다면 url이 정의되지 않은 것이고 이때 실행되는 라인이다. 다음은 jQuery의 load()함수의 예제이다. load() 함수는 하나의 페이지에 빠르고 지저분한 Ajax 기능을 추가하기에 좋다. 이 라인을 그대로 해석한다면 "index.html의 #header 엘리먼트로부터 모든 ul을 가져와 현재 페이지의 #container 엘리먼트에 삽입해라. 완료되면 hijackLinks() 함수를 실행시켜라."이다. index.html은 사이트의 홈페이지를 나타내는 것이다. 여러분의 홈페이지명이 다르다면 여기에 index.html 대신에 그 파일명을 사용한다.

❹ url 파라미터가 값을 가지고 있을 때 실행되는 라인이다. 코드의 해석은 다음과 같다. "loadPages() 함수에 전달된 url에서 #content 엘리먼트를 가져와 현재 페이지의 #container 엘리먼트에 삽입해라. 그리고 hijackLinks() 함수를 실행시켜라."

❺ 일단, load() 함수가 완료되면 현재 페이지의 #container 엘리먼트는 검색된 HTML의 일부를 포함할 것이다. 그때 load()는 hijackLinks() 함수를 실행시키게 된다.

❻ 이 라인에서 hijackLinks()는 새로운 HTML에 있는 모든 링크를 찾아 거기에 클릭 핸들러를 바인딩한다. 이때 다음 라인에 이어지는 코드를 이용한다. 클릭 핸들러에는 자동으로 이벤트 객체가 전달된다. 여기서 함수의 파라미터를 e로 잡았다. 클릭된 링크의 이벤트 객체는 e.target.href에서 원격 페이지의 url을 포함하고 있다.

❼ 일반적으로 링크가 클릭되었을 때 웹 브라우저는 새로운 페이지를 탐색할 것이다. 이 탐색 응답을 링크의 "기본 동작"이라고 말한다. 우리는 클릭을 핸들링하고 페이지를 로딩하는 작업을 수동으로 하기 때문에 이 기본 동작을 막을 필요가 있다. 그렇게 하기 위하여 이 라인에서 이벤트 객체의 내장 함수인 preventDefault() 함수를 호출하였다. 이 라인을 빼면 브라우저는 현재 페이지를 떠나 클릭된 링크의 URL를 탐색할 것이다.

❽ 사용자가 클릭했을 때 loadPage() 함수에 원격 페이지의 URL을 전달한다. 그리고 이 사이클을 전부 다시 시작한다.

저자가 JavaScript에서 가장 좋아하는 것은 다른 함수에 파라미터로 함수를 전달할 수 있는 것이다. 비록 이것이 이상해보일 수도 있지만 이것은 매우 강력하다. 그리고 코드를 모듈화하고 재사용할 수 있도록 해준다. 여러분이 더 많은 것을 배우고 싶다면 JavaScript를 자세히 살펴봐야 한다: The Good Parts by Douglas Crockford가 쓴 The Good Parts(O'Reilly)를 참고 하길 바란다. 사실 여러분이 JavaScript를 가지고 작업하고 있다면 Douglas Crockford가 쓴 모든 책을 봐야 한다.

클릭 핸들러는 페이지를 처음 로드할 때는 실행되지 않는다. 사용자가 페이지에 있는 어떤 요소를 읽거나 링크를 클릭했을 때 실행된다. 클릭 핸들러를 지정하는 것은 부비 트랩(역주: 건드리면 터지는 위장 폭탄)을 설정하는 것과 유사하다. 여러분은 나중에 일어날 수도 아닐 수도 있는 무엇인가를 위해 어떤 초기 설정 작업을 한다.

JavaScript가 브라우저에서 사용자 동작에 응답을 만들어내는 이벤트 객체의 속성에 대해 읽어 보는 것도 가치가 있다. 좋은 참고 자료는 여기에 있다. http://www.w3schools.com/htmldom/dom_obj_event.asp

간단한 부가기능 추가하기

HTML, CSS, JavaScript의 일부 코드로 우리는 단일 페이지 응용프로그램 전체를 본질적으로 바꾸어 놓았다. 그러나 아직 약간은 부족함이 남아있다. 그것을 채워보자.

우리는 브라우저가 페이지에서 페이지로 탐색할 수 있도록 만들지 않았기 때문에 데이터를 로딩하는 동안 사용자는 진행률 표시를 볼 수 없을 것이다. 사실은 무엇인가가 진행되고 있다는 것을 사용자가 알 수 있도록 피드백을 제공하는 것이 필요하다. 이러한 피드백이 없다면 사용자는 실제로 링크를 제대로 클릭했는지의 여부가 의심스러울 수 있고 그래서 그곳을 자꾸 클릭할지도 모른다. 이것은 서버 부하를 증가시키고 애플리케이션을 불안정하게 만드는 계기가 될 수 있다(즉, 충돌(crashing)).

> 여러분이 웹 애플리케이션을 로컬 네트워크에서 테스트하고 있다면 진행률 표시기를 볼 수 없을
> 정도로 네트워크 속도가 빠를 수도 있다. 여러분이 Max OS X을 사용하고 있다면 터미널에서
> ipfw 명령 몇 가지를 입력하여 들어오는 모든 웹 트래픽을 늦출 수 있다. 예를 들어 이 명령들
> 은 모든 웹 트래픽을 초당 4 KB로 늦출 것이다.
>
> ```
> sudo ipfw pipe 1 config bw 4KByte/s
> sudo ipfw add 100 pipe 1 tcp from any to me 80
> ```
>
> 여러분이 페이지를 보기 위해 Safari 데스크톱 브라우저를 사용하고 있다면 URL에 Mac의 호스
> 트명과 외부 IP 주소를 사용하는 것이 필요하다(예를 들어, localhost보다는 mymac.local 사
> 용). 테스트가 완료되면 sudo ipfw delete 100으로 규정을 삭제한다("ipfw flush"로 모든
> 사용자 정의 규정을 삭제할 수 있다).

jQuery 덕분에 단지 두 줄의 코드를 가지고 이런 종류의 피드백을 제공하고 있다.
loadPage()가 시작할 때 body에 단지 div 로딩을 추가하고 hijackLinks()가 완료되면 div
로딩을 제거한다. 예제 3-4는 예제 3-3의 수정된 버전을 보여주고 있다. iphone.css에 굵은
글씨체로 된 라인을 추가한다.

예제 3-4 페이지에 간단한 진행률 표시기를 추가한다

```javascript
$(document).ready(function(){
    loadPage();
});
function loadPage(url) {
    $('body').append('<div id="progress">Loading...</div>');
    if (url == undefined) {
        $('#container').load('index.html #header ul', hijackLinks);
    } else {
        $('#container').load(url + ' #content', hijackLinks);
    }
}
function hijackLinks() {
    $('#container a').click(function(e){
        e.preventDefault();
        loadPage(e.target.href);
    });
    $('#progress').remove();
}
```

예제 3-5는 progress div을 스타일링하기 위해 iphone.css에 추가해야 할 코드이다. 결과는
그림 3-1에서 볼 수 있다.

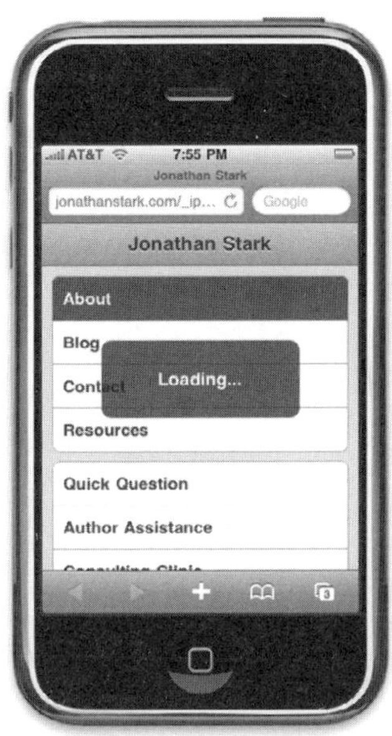

[그림 3-1] 아무런 진행률 표시기가 없다면 사용자는 응답을 볼 수 없어서 불만스러울 수 있다.

예제 3-5 progress div을 스타일링하기 위해 iphone.css에 코드를 추가한다

```css
#progress {
    -webkit-border-radius: 10px;
    background-color: rgba(0,0,0,.7);
    color: white;
    font-size: 18px;
    font-weight: bold;
    height: 80px;
    left: 60px;
    line-height: 80px;
    margin: 0 auto;
    position: absolute;
    text-align: center;
    top: 120px;
    width: 200px;
}
```

페이지 타이틀을 보기 좋게 만들기 위해 페이지의 시작 부분에 하나의 h2를 가지고 있다(그림 3-2). 2장의 "기본 아이폰 스타일링"에서 이를 볼 수 있다(그림 3-3). 좀 더 아이폰답게 만들기 위해서 이 타이틀을 내용에서 빼고 헤더에 넣을 것이다. jQuery를 사용한다: hijackLinks() 함수에 단지 세 줄을 추가한다. 예제 3-6 는 변경된 hijackLinks() 함수를 보여준다.

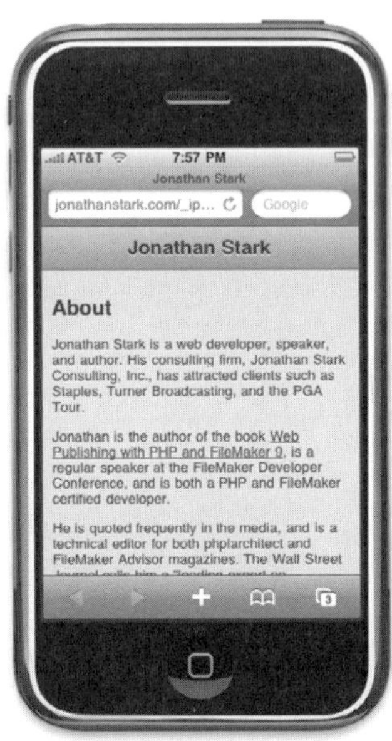

[그림 3-2] 툴바에 페이지 heading을 이동하기 전의 형태이다.

예제 3-6 h2 툴바 타이틀로 사용한다.

```
function hijackLinks() {
    $('#container a').click(function(e){
        e.preventDefault();
        loadPage(e.target.href);
    });
    var title = $('h2').html() || 'Hello!';
    $('h1').html(title);
    $('h2').remove();
    $('#progress').remove();
}
```

[그림 3-3] 툴바에 페이지 heading을 이동한 이후의 형태이다

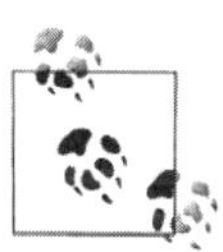

진행률 표시기를 제거하기 전에 타이틀 라인을 추가한다. 진행률 표시기 제거 작업을 가장 마지막 동작으로 하는 것이 애플리케이션으로 하여금 사용자 선택에 보다 더 즉각적으로 반응을 보이는 것처럼 느끼게 하기 때문이다.

추가된 코드(굵은 글씨체)의 첫 번째 라인에 있는 이중 파이프(||)는 JavaScript의 OR 논리적 연산자이다. 이 라인은 다음과 같이 해석된다: title 변수에 h2 엘리먼트의 내용을 넣거나 이 값이 없으면 문자열 'Hello!'를 넣는다. 첫 페이지 로드 시에는 h2를 포함하고 있지 않기 때문에 이 작업은 매우 중요하다.

이 부분은 약간의 설명이 필요하다. 사용자가 처음에 iphone.html URL을 로드할 때 임의의 사이트 내용이 아니라 전체 사이트 탐색 엘리먼트를 보게 된다. 사용자는 초기 탐색 페이지에 있는 하나의 링크를 선택하지 않는다면 임의의 사이트 내용은 볼 수 없다.

몇 개의 페이지는 헤더 바에 넣을 수 있는 것보다 더 긴 타이틀을 가지고 있다(그림 3-4). 한 줄 이상으로 문자열을 끊어 쓸 수 있지만 이는 아이폰스럽지 못하다. 오히려 긴 텍스트는 끝을 생략하도록 #header h1 스타일을 수정하였다(그림 3-5와 예제 3-7). 이것이 좀 알려진

CSS 트릭 중에 저자가 가장 좋아하는 것이다.

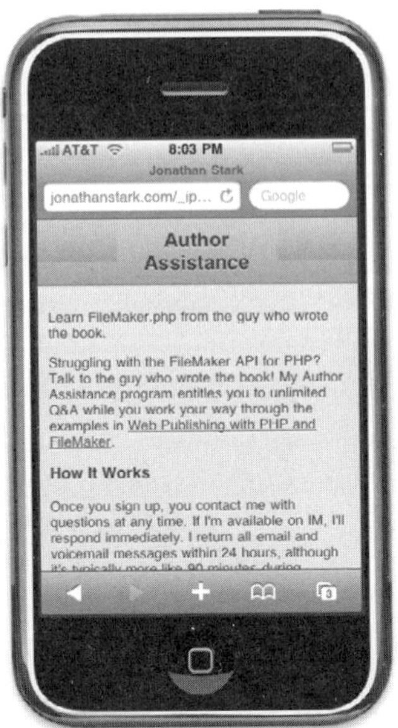

[그림 3-4] 툴바에 있는 문자열이 아이폰스럽지 못하다.

[그림 3-5] 그러나 CSS 생략(ellipsis)으로 보기 좋게 만들 수 있다.

 포함할 수 있는 영역보다 더 긴 텍스트 생략을 추가

```css
#header h1 {
    color: #222;
    font-size: 20px;
    font-weight: bold;
    margin: 0 auto;
    padding: 10px 0;
    text-align: center;
    text-shadow: 0px 1px 0px #fff;
    max-width: 160px;
    overflow: hidden;
    white-space: nowrap;
    text-overflow: ellipsis;
}
```

코드 설명을 하겠다: max-width: 160px는 h1 엘리먼트가 160px보다 넓어질 수 없다는 것을 설명한다. overflow: hidden은 브라우저 엘리먼트의 경계 밖으로 확장되는 모든 콘텐츠를 잘라 버린다는 의미이다. white-space: nowrap는 한 라인이 두 줄로 줄바꿈되지 않도록 하는 것이다. 이 라인이 없다면 h1은 정의된 너비에 텍스트를 모두 수용하기 위해서 높이가 길어진다. 마지막으로 text-overflow: ellipsis는 전체 문자열을 보이는 것이 아니라는 것을 사용자에게 알리기 위해 잘려진 문자열의 끝에 세 개의 점을 추가한다.

About 페이지는 아이폰에서 볼 수 있는 영역보다 길다. 사용자는 이 페이지를 방문해서 아래쪽 끝까지 스크롤해서 Contact 페이지에 링크하기 위해 클릭한다. Contact 페이지에 전체 화면보다 많은 텍스트를 가지고 있다면 새로운 데이터는 여전히 스크롤되어 윈도우에 표시될 것이다.

엄밀히 따지면 우리는 현재(스크롤된) 페이지를 벗어날 수 없기 때문에 이것은 타당하다. 그러나 사용자는 분명히 혼돈스러울 수 있다. 상황을 바로잡기 위해 scrollTo() 명령을 loadPage() 함수에 추가하였다(예제 3-8).

사용자가 링크를 클릭할 때마다 페이지는 맨 위로 점프할 것이다. 이것은 사용자가 긴 페이지의 맨 하단에 있는 링크를 클릭하면 로딩 그래픽을 볼 수 있는 것을 보장한다.

예제 3-8 사용자가 새로운 페이를 탐색할 때 맨 위로 다시 스크롤하는 것은 좋은 생각이다.

```
function loadPage(url) {
    $('body').append('<div id="progress">Loading...</div>');
    scrollTo(0,0);
    if (url == undefined) {
        $('#container').load('index.html #header ul', hijackLinks);
    } else {
        $('#container').load(url + ' #content', hijackLinks);
    }
}
```

대부분의 사이트처럼 이 책의 예제도 외부 페이지를 연결한다(즉, 페이지들은 다른 도메인을 호스트한다). 하지만 아이폰 특유의 레이아웃에 외부 페이지의 HTML을 삽입하는 것은 타당하지 않기 때문에 외부 링크를 가로채서 보여주는 것은 원하지 않는다. 예제 3-9에 도메인 네임의 존재 여부에 대한 URL을 체크하는 조건을 추가하였다. 존재하면 링크를 가로채서 현재 페이지에 내용을 로드한다: 사실상 Ajax가 처리한다. 존재하지 않으면 브라우저가 규칙대로 URL을 탐색한다.

jonathanstark.com을 우리의 웹 사이트에 알맞은 도메인이나 호스트 네임으로 변경해야 한다. 그렇게 하지 않으면 우리의 웹 사이트의 페이지에 대한 링크는 더 이상 다른 곳에서 가로챌 수 없다.

예제 3-9 외부 페이지가 URL의 도메인 네임을 체크하여 로드하도록 한다.

```
function hijackLinks() {
    $(' #container a' ).click(function(e){
        var url = e.target.href;
        if (url.match(/jonathanstark.com/)) {
            e.preventDefault();
            loadPage(url);
        }
    });
    var title = $(' h2' ).html() || ' Hello!' ;
    $(' h1' ).html(title);
    $(' h2' ).remove();
    $(' #progress' ).remove();
}
```

url.match 함수는 JavaScript, PHP, Perl과 같이 종종 다른 프로그래밍 언어 내에 끼워 넣을 수 있는 정규식 언어를 사용한다. 비록 예제와 같은 정규식은 간단하지만 보다 복잡한 표현식들은 어려울 수 있다. 그러나 잘 익혀둘 만한 가치가 있다. 저자가 가장 선호하는 정규식 페이지는 http://www.regular-expressions.info/javascriptexample.html에 있다.

'back' 버튼으로 되돌리기

이 시점에서 '방 안의 코끼리(역주: 매우 심각하다는 것을 알고는 있지만 무시하고 외면하고 있는 문제)'는 사용자가 이전 페이지로 되돌아갈 수가 없다는 것이다(우리는 앞에서 모든 링크를 가로챘다. 그래서 Sarafi의 페이지 히스토리는 작동하지 않을 것이다). 화면의 왼쪽 위 코너에 'back' 버튼을 추가하여 주소를 지정해보겠다. 먼저 JavaScript를 수정하고 그 다음 CSS를 수정할 것이다.

애플리케이션에 표준 아이폰화한 'back' 버튼을 추가하는 것은 사용자가 클릭한 히스토리의 자취를 계속 유지하고 있다는 것이다. 이렇게 하기 위해서는 A)어디로 되돌아가야 할지 알기 위해서 이전 페이지의 URL을 저장해야만 하고, B) 'back' 버튼 위에 라벨이 무엇인지를 알기 위해 이전 페이지의 타이틀을 저장해야 한다.

지금까지 이 장에서 쓰인 대부분의 JavaScript는 이런 기능의 터치를 추가하고 있다. 그래서 한 줄씩 iphone.js 전체를 새로운 버전으로 바꿀 것이다(예제 3-10). 바뀐 결과는 그림 3-6처럼 보이게 된다.

[그림 3-6] 기본적으로 아이폰 애플리케이션의 'back' 버튼은 광택있는 왼쪽 화살표 모양이다.

예제 3-10 'back' 버튼에 대한 지원을 포함하도록 기존의 JavaScript 예제를 확장한다.

```
var hist = [];❶
var startUrl = ' index.html' ;❷
$(document).ready(function(){❸
    loadPage(startUrl);
});
function loadPage(url) {
    $(' body' ).append(' <div id="progress">Loading...</div>' );❹
    scrollTo(0,0);
    if (url == startUrl) {❺
        var element = '  #header ul' ;
    } else {
        var element = '  #content' ;
    }
    $(' #container' ).load(url + element, function(){❻
        var title = $(' h2' ).html() || ' Hello!' ;
        $(' h1' ).html(title);
        $(' h2' ).remove();
        $(' .leftButton' ).remove();❼
        hist.unshift({' url' :url, ' title' :title});❽
        if (hist.length > 1) {❾
```

```
$(' #header' ).append(' <div class="leftButton">' +hist[1].title+' </div>' );❿
$(' #header .leftButton' ).click(function(){⓫
    var thisPage = hist.shift();⓬
    var previousPage = hist.shift();
    loadPage(previousPage.url);
});
        }
$(' #container a' ).click(function(e){⓭
    var url = e.target.href;
    if (url.match(/jonathanstark.com/)) {⓮
        e.preventDefault();
        loadPage(url);
    }
});
$(' #progress' ).remove();
    });
}
```

❶ 이 라인에서는 hist라는 이름의 변수를 비어 있는 배열 형태로 초기화하고 있다. 함수 밖에 선언했기 때문에 전역 범위에 존재하고 페이지의 어디에서나 사용할 수 있다. history 라는 명은 JavaScript에서 이미 객체 속성으로 선언되었기 때문에 코드에서는 중복 사용을 피해야 한다. 그래서 history 대신에 hist로 변수명을 사용하였다.

❷ 여기에서는 사용자가 iphone.html을 처음 방문했을 때 로드할 원격 페이지의 상대 URL을 정의하고 있다. 앞에서 다루었던 예제를 다시 살펴보면 첫 페이지 로드를 처리하기 위해 url == undefined에 대한 체크를 하였다. 그러나 이 예제에서는 몇 군데에 스타트 페이지를 사용할 것이다. 그래서 이 변수는 전역으로 선언해야 한다.

❸ 이 라인과 다음 라인은 document ready 함수이다. 이전 예제들과는 달리 스타트 페이지를 loadPage() 함수에 전달한다.

❹ loadPage() 함수에서 이 라인과 다음 라인은 이전 예제 그대로이다.

❺ 이 if...else 구문은 원격 페이지로부터 어떤 엘리먼트를 로드할지를 결정한다. 예를 들어 스타트 페이지를 원하면 header로부터 ul을 가로챈다; 그렇지 않으면 content div를 가로챈다.

❻ 이 라인에서는 URL 파라미터와 해당 소스 엘리먼트가 한 문자열로 연결되어 load 함수의

첫 번째 파라미터로 전달된다. 두 번째 파라미터로 익명의 함수를 직접 전달하고 있다 (inline으로 정의된 이름 없는 함수). 익명의 함수 내부를 들여다보면 hijackLinks() 함수와 매우 유사하다는 것을 알 수 있다. 이 익명의 함수가 대체하고 있는 것이다. 다음 세 라인은 이전 예제들과 동일하다.

❼ 이 라인은 페이지에서 .leftButton 객체를 삭제하고 있다(아직 페이지에 추가하지 않았는데 삭제하는 것은 불가능해 보이겠지만 몇 단계 아래 코드에서 추가하고 있는 것을 볼 수 있다).

❽ hist 배열 변수의 시작 부분에 객체를 추가하기 위해서 JavaScript의 내장 함수인 unshift 메소드를 사용한다. 추가하고 있는 객체는 url과 title 두 개의 속성을 가지고 있다. 이 속성들은 'back' 버튼을 보이게 하고 동작하게 하기 위해 필요한 정보들이다.

❾ 얼마나 많은 객체가 hist 배열에 있는지 알아내기 위해 JavaScript 배열의 내장 함수인 length 메소드를 사용하고 있다. hist 배열에 단 하나의 객체가 있다면 사용자가 첫 페이지에 있다는 것을 의미하기 때문에 이때는 'back' 버튼을 보여줄 필요가 없다. 하지만 hist 배열에 더 많은 객체가 있다면 header에 버튼을 추가해야 한다.

❿ 다음은 앞에서 언급한 .leftButton을 추가하고 있다. 버튼의 텍스트는 바로 이전 페이지의 타이틀과 같을 것이다. 이 텍스트는 hist[1].title 코드로 접근한다. JavaScript 배열은 0부터 시작한다. 그래서 배열의 첫 번째 아이템(현재 페이지)은 인덱스가 0이다. 즉, 현재 페이지는 인덱스가 0이고 인덱스가 1인 페이지는 바로 이전 페이지, 인덱스가 2인 페이지는 이전 페이지의 이전 페이지이다.

⓫ 이 코드 블록에서는 익명의 함수에 'back' 버튼의 클릭 핸들러를 바인딩하고 있다. 클릭 핸들러는 사용자가 페이지를 로드할 때가 아니라 클릭할 때 실행한다는 것을 명심하기 바란다. 그래서 페이지가 로드된 후에 사용자가 'back'를 클릭하면 함수 내부의 코드가 실행된다.

⓬ 이 라인과 다음 라인은 hist 배열의 처음 두 아이템을 삭제하기 위해서 배열의 내장 함수인 shift 메소드를 사용하고 있다. 이 함수의 마지막 라인은 loadPage() 함수에 이전 페이지의 URL을 보낸다.

⓭ 남아있는 라인들은 이전 예제에서 그대로 복사했다.

⓮ 이 장의 앞에서 소개된 URL matching 코드이다. jonathanstark.com은 여러분의 웹 사이트의 도메인이나 호스트 네임으로 대체되어야 하고 로컬 링크는 페이지에 로드되지 않는다는 것을 기억하기 바란다.

설명과 예제를 포함한 JavaScript 배열 함수들의 전체 리스트는 http://www.hunlock.com/blogs/Mastering_Javascript_Arrays에서 볼 수 있다.

'back' 버튼을 CSS를 이용하여 예쁘게 꾸며보겠다(예제 3-11). font-weight, text-align, line-height, color, text-shadow와 같은 텍스트 스타일링으로 시작한다. 그리고 div가 정확하게 어디에 놓여져야 할지를 지정하기 위해서 position, top, left값을 설정한다. 반드시 버튼 라벨 위의 긴 텍스트는 max-width, white-space, overflow, text-overflow를 사용하여 텍스트 생략 부호로 자른다. 마지막으로 border-width, -webkit-border-image로 그래픽을 적용한다. 앞에서 사용하였던 border 이미지 예제와는 달리 이 이미지는 left와 right border에 대해 width가 다르다. 왜냐하면 이 이미지는 왼쪽이 화살표의 머리모양인 비대칭 모양이기 때문이다.

이 버튼에는 이미지가 필요하다. 이미지 파일을 HTML 파일이 있는 폴더 아래에 있는 image 폴더에 back_button.png라는 이름으로 저장한다. 이미지 버튼을 찾거나 만드는 작업에 대한 정보는 "jQuery 와 기본적인 동작 추가하기" 섹션을 참고하기 바란다.

예제 3-11 border 이미지를 가지고 있는 'back' 버튼을 예쁘게 만들기 위해 iphone.css에 다음을 추가한다.

```css
#header div.leftButton {
    font-weight: bold;
    text-align: center;
    line-height: 28px;
    color: white;
    text-shadow: rgba(0,0,0,0.6) 0px -1px 0px;
    position: absolute;
    top: 7px;
    left: 6px;
    max-width: 50px;
    white-space: nowrap;
    overflow: hidden;
    text-overflow: ellipsis;
```

```
    border-width: 0 8px 0 14px;
    -webkit-border-image: url(images/back_button.png) 0 8 0 14;
}
```

기본적으로 모바일 Safari는 탭되는 클릭 가능한 객체 위에 반투명한 회색 박스로 간단하게 표현된다(그림 3-7). 우리가 만든 'back' 버튼은 직사각형이 아니기 때문에 균형이 맞지 않게 보일 수 있지만 이를 쉽게 제거하여 애플리케이션을 더 멋지게 만들 수 있다. 모바일 Safari는 `-webkit-tap-highlight-color`라는 속성을 제공하는데 이는 기본 색상을 우리가 원하는 어떤 색으로도 바꿀 수 있다. 예제 3-12에서는 탭 하이라이트를 완전히 투명한 색으로 설정하여 하이라이트를 완전히 제거하였다.

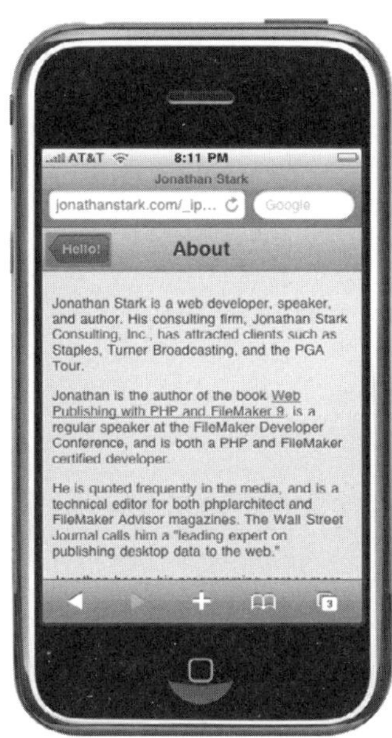

[그림 3-7] 기본적으로 모바일 Safari는 탭되는 클릭 가능한 객체 위에 반투명한 회색 박스로 표현된다.

예제 3-12 모바일 Safari에서 기본 탭 하이라이트를 제거하기 위해 iphone.css에 다음을 추가한다.

```
#header div.leftButton {
    font-weight: bold;
    text-align: center;
    line-height: 28px;
    color: white;
    text-shadow: rgba(0,0,0,0.6) 0px -1px 0px;
    position: absolute;
```

```
    top: 7px;
    left: 6px;
    max-width: 50px;
    white-space: nowrap;
    overflow: hidden;
    text-overflow: ellipsis;
    border-width: 0 8px 0 14px;
    -webkit-border-image: url(images/back_button.png) 0 8 0 14;
    -webkit-tap-highlight-color: rgba(0,0,0,0);
}
```

'back' 버튼의 경우에 이전 페이지의 내용을 보기 위해서는 적어도 1 내지 2초의 지연시간 이 걸릴 수 있다. 이런 불만스러운 사항을 없애기 위해 버튼이 탭 되자마자 즉시 클릭된 것처 럼 보이도록 하려고 한다. 데스크톱 브라우저에는 아주 간단한 처리이다. 클릭된 객체에 대체 스타일을 지정하기 위해 :active 의사클래스(pseudoclass)를 사용하여 CSS에 하나의 선언 을 추가하기만 하면 된다. 하지만 :active 스타일이 아이폰에서는 무시되어 제대로 작동하지 않는다.

저자는 :active와 :hover의 조합으로 이것저것 테스트를 해보다가 Ajax를 사용하지 않는 애 플리케이션에서 약간의 성공을 거두었다. 그러나 우리가 여기서 이용하는 것과 같은 Ajax 애 플리케이션에서 :hover 스타일은 제대로 작동하지 않는다(즉, 버튼이 손가락을 뗀 후에도 클릭 된 상태로 보인다).

다행히도 수정하는 것은 매우 간단하다. 사용자가 버튼을 탭 했을 때 버튼에 clicked 클래스 를 추가하기 취해 jQuery를 사용한다. 예제에서는 버튼에 어두운 버전의 버튼 이미지를 적용 하였다(그림 3-8 와 예제 3-13). 여러분은 image 서브 폴더에 back_button_clicked.png라는 버튼 이미지가 있어야 한다. 이미지 버튼을 찾거나 만드는 작업에 대한 정보는 "jQuery 와 기본적인 동작 추가하기" 섹션을 참고하기 바란다.

예제 3-13 사용자가 'back' 버튼을 탭 하자마자 버튼이 클릭된 것처럼 보이게 하기 위해 iphone.css에 다음을 추가한다.

```
#header div.leftButton.clicked {
    -webkit-border-image: url(images/back_button_clicked.png) 0 8 0 14;
}
```

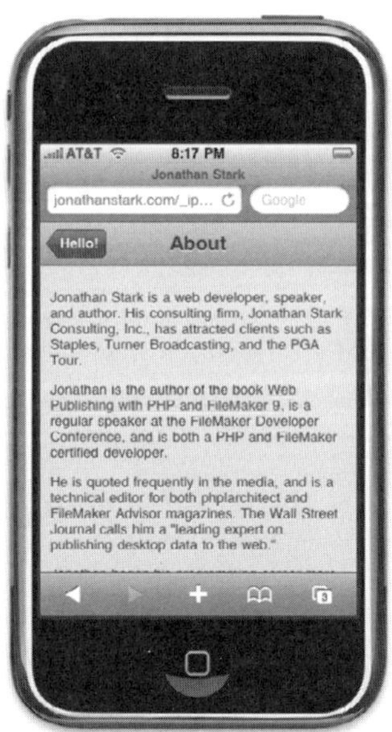

[그림 3-8] 클릭된 'back' 버튼은 기본 상태보다 약간 어둡다.

클릭된 스타일의 이미지를 사용하기 때문에 이 이미지를 미리 로드하는 것이 현명하다. 그렇지 않으면 클릭되지 않은 버튼 그래픽이 처음 탭될 때 클릭된 그래픽을 다운로드하는 동안 사라질 것이다. 다음 장에서 이미지를 미리 로딩하는 것을 다룰 것이다.

CSS를 가지고 'back' 버튼에 click 핸들러를 지정하는 iphone.js의 일부분을 수정할 수 있다. 우선 수신되는 클릭 이벤트를 잡기 위해서 익명의 함수에 변수 e를 추가한다. 이 때 jQuery 셀렉터에 있는 이벤트 타겟을 괄호로 묶고 버튼에 'clicked' CSS 클래스를 지정하기 위하여 jQuery의 addClass() 함수를 호출한다.

```
$('#header .leftButton').click(function(e){
    $(e.target).addClass('clicked');
    var thisPage = hist.shift();
    var previousPage = hist.shift();
    loadPage(previousPage.url);
});
```

개발자 가운데 CSS 전문가에게 보내는 특별한 메모 : CSS Sprite 기법–A List Apart에 의해 대중화된–은 이 경우에는 선택 사항이 아니다. 왜냐하면 그것은 이미지에 대해 옵셋 셋팅 작업을 필요로 하기 때문이다. 이미지 옵셋은 -webkit-border-imag 속성에 의해 지원되지 않는다.

Home Screen에 Icon 추가하기

사용자들은 그들의 Home Screen에서 여러분이 만든 웹 애플리케이션(이후 "Web Clip icon"이라 부름)으로 바로 접근할 수 있는 icon을 추가하기를 원할 것이다. Safari 윈도우의 맨 아래에 있는 플러스 버튼을 탭하고(그림 3–9), "Add Home Screen"을 탭한 후(그림 3–10), "Add" 버튼을 클릭한다(그림 3–11). 기본적으로 아이폰은 아이콘을 현재 페이지에 작게 줄인 형태로 모서리가 둥글고 광택 효과를 주어 만든다(그림 3–12).

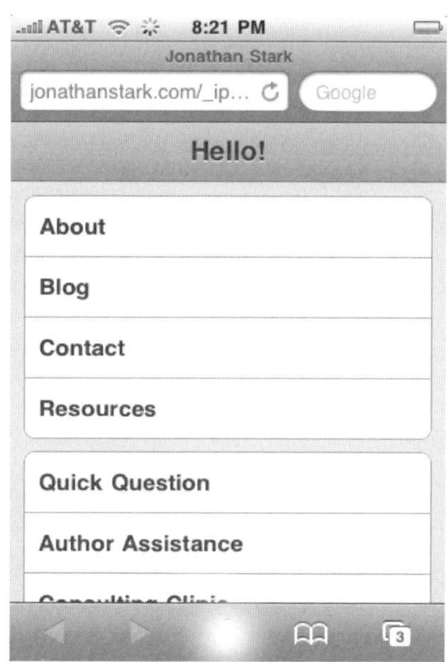

[그림 3–9] home screen에 Web Clip icon을 추가하기,
Step 1: Safari 윈도우의 맨 아래에 있는 플러스 버튼을 클릭한다.

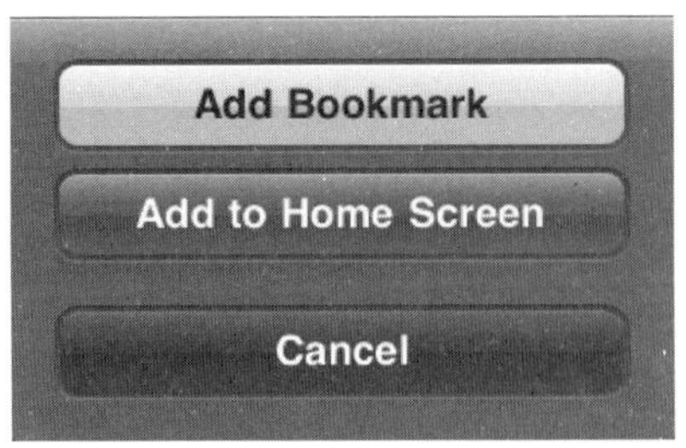

[그림 3-10] Step 2: 다이얼로그에서 "Add Home Screen" 버튼을 클릭한다.

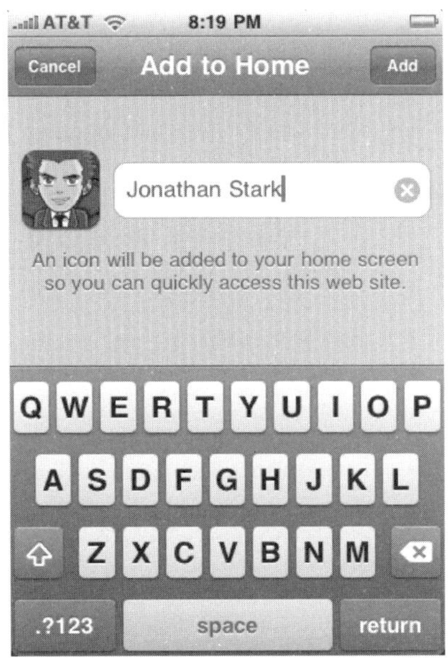

[그림 3-11] Step 3: "Add to Home" 패널에 있는 "Add" 버튼을 클릭한다.

[그림 3-12] Step 4: home screen 에 57×57 px 크기의 이미지가 보인다.

Home screen 이미지를 사용자 위주로 만들기 위해 사려깊은 개발자들은 사용자가 지정할 수 있는 Web Clip icon을 제공한다. 가장 간단한 방법은 웹 루트에 apple-touch-icon.png 파일을 업로딩하여 전체 사이트를 위한 단 하나의 아이콘을 지정하는 것이다. 이 파일은 57

px의 정사각형으로 광택이 있고 모서리가 둥근 모양이어야 한다. 왜냐하면 아이폰은 자동으로 이를 추가하기 때문이다. 만약 Web Clip icon에 효과를 주고 싶지 않다면 파일명을 apple-touch-icon-precomposed.png로 바꾼다.

전체 사이트의 나머지와 다른 어떤 한 페이지에 Web Clip icon을 제공하기를 원하는 경우가 발생할 수도 있다. 이때 iphone.html의 head 섹션에 다음 라인 중에 한 라인을 추가하면 된다 (“myCustomIcon.png”는 파일명 앞에 이미지의 절대경로나 상대경로를 포함시킬 수도 있다).

```
<link rel="apple-touch-icon" href="myCustomIcon.png" />
```

```
<link rel="apple-touch-icon-precomposed" href="myCustomIcon.png" />
```

이미 만들어진 이미지를 사용한다면 모서리를 둥글게 하기 위한 반지름을 10 px 이상으로 한다. 그렇지 않으면 아이폰은 모서리의 반지름을 10 px로 한다. 두 경우 모두 이미 만들어진 이미지를 사용하면 광택 효과를 추가할 수 없다.

Full Screen Mode

Mobile Safari에서 유효한 수직 공간의 4분의 1만을 사용하는 것처럼 느껴지는가(정확히 말하면 104 px)? iphone.html의 head 섹션에 다음 라인을 추가하면 여러분의 애플리케이션이 Web Clip icon에 의해 시작될 때 full screen mode 로 보여질 것이다:

```
<meta name="apple-mobile-web-app-capable" content="yes" />
```

저자는 이 기능을 앞에서 설명하지 않았다. 그러나 이 기능은 Ajax를 가지고 하이퍼링크를 가로챌 경우에만 유용하다고 할 수 있다. 사용자가 가로챈 링크를 클릭하자마자—실제로 새로운 페이지로 이동하는 것—모바일 Safari는 일반적인 방법으로 페이지를 시작하고 로드할 것이다. 이러한 동작은 우리가 작업하고 있는 예제에서는 완벽하다. 왜냐하면 외부 링크(Amazone, Twitter, Facebook 등)는 Safari에서 잘 열리기 때문이다.

Status Bar 변경하기

일단 apple-mobile-web-app-capable meta 태그를 추가했으면 apple-mobile-web-app-status-bar-style meta 태그를 이용하여 화면의 맨 위에 있는 20 px 크기의 Status Bar의 배경색을 제어할 수 있는 옵션을 가지게 된다. Safari Status Bar의 기본색인 gray를 black로 변경할 수 있다(그림 3–14). black-translucent으로 설정하면 반투명해진다. 그리고 문서에서 이를 제거할 수도 있다. 다시 말하면 페이지가 처음 로드될 때 content는 20 px 위로 이동되고 status bar는 숨겨진다. 그래서 헤더의 타이틀의 위치를 약간 아래로 보정해야만 할 수도 있다.

```
<meta name="apple-mobile-web-app-status-bar-style" content="black" />
```

 Status Bar 스타일을 바꾸는 것은 애플리케이션이 full screen mode에서 시작될 때에만 반영된다.

[그림 3-13] Full screen mode에서는 25% 이상의 화면 영역을 확보하여
사용자 요구에 맞게 status bar를 표현할 수 있다.

사용자 맞춤 시작 그래픽 제공하기

애플리케이션이 full screen mode에서 시작될 때 첫 페이지가 로딩되는 동안 사용자는 애플리케이션의 스크린 샷을 제공받는다. 하지만 저자는 이를 별로 좋아하지 않는다. 왜냐하면 실제로는 링크를 탭해도 아무 작업이 일어나지 않을 때에도 애플리케이션은 상호작용할 준비가 되어있는 것처럼 보이기 때문이다.

다행히도 모바일 Safari는 페이지가 로딩되는 동안 보여줄 시작 그래픽을 정의할 수 있는 기능을 제공한다. 사용자가 시작 그래픽을 추가하기 위해서 320×460 px png 파일을 제작하여 iphone.html과 같은 디렉터리에 저장한다. 그리고 iphone.html 파일의 head 섹션에 다음 코드를 추가한다(myCustomStartupGraphic.png에 이미지의 절대경로나 상대경로를 포함시켜도 된다).

```
<link rel="apple-touch-startup-image" href="myCustomStartupGraphic.png" />
```

이후에는 Web Clip icon으로 애플리케이션을 시작하면 기본 로딩 동작은 새로운 사용자 그래픽이 다운로드 되는 동안 일어나는데, 이때 바로 사용자가 지정한 시작 그래픽이 보일 것이다(그림 3-14).

[그림 3-14] Full screen mode에서 애플리케이션을 시작할 때 사용자 시작 그래픽을 제공한다.

이 장을 마치며

이 장에서는 전형적인 보통의 웹 사이트를, 진행률 표시기와 원래 있었던 것처럼 자연스러워 보이는 'back' 버튼, 그리고 사용자 정의 web clip icon을 모두 갖춘 full-screen Ajax 애플리케이션으로 바꾸는 방법을 배웠다. 다음 장에서는 네이티브 사용자 인터페이스 애니메이션을 추가하여 애플리케이션에 생명을 불어 넣는 방법을 배울 것이다. 매우 흥미롭고 재미있을 것이다.

iPhone Apps with HTML, CSS, and JavaScript

아 이폰 애플리케이션은 사용자를 위한 내용이나 의미를 추가할 때 특유의 애니메이션 특성들을 가지고 있다. 예를 들어 링크를 클릭하면 페이지가 왼쪽으로 슬라이드하고 'back' 하면 페이지가 오른쪽으로 슬라이드한다. 이 장에서는 웹 애플리케이션에 Sliding, Page flip 등의 색다른 동작을 추가하는 방법을 배울 것이다. Ajax와 full screen mode가 결합된 상태에서의 이러한 변화는 웹 애플리케이션을 native 애플리케이션과 거의 구별할 수 없게 만들 것이다.

친구로부터 약간의 도움을 얻다.

웹 페이지를 전형적인 native 아이폰 애플리케이션과 같이 동적으로 만드는 것은 어려운 일이다. 다행히도 필라델피아 출신의 David Kancda라는 진취적인 젊은이는 jQTouch라는 JavaScript 라이브러리를 만들었다. 이 라이브러리는 모바일 웹 개발을 훨씬 쉽게 만든다. 또한 jQTouch는 실제로 이전 장에서 배운 모든 것을 다루는 오픈 소스 jQuery 플러그인이다.
뿐만 아니라 처음부터 작성하기에는 매우 힘든 복잡한 것들도 다루고 있다.

http://jqtouch.com/에서 jQTouch 의 최신 버전을 다운로드 받을 수 있다.

Sliding Home

Kilo라는 이름의 간단한 칼로리 추적 애플리케이션을 작성할 것이다. 이 애플리케이션은 사
용자가 주어진 날짜에 음식 항목들을 추가하거나 삭제할 수 있는 기능을 제공한다. 모두 다섯
개의 패널을 사용한다 : Home, Settings, Dates, Date, New Entry. 두 개의 패널을 가지고
먼저 시작하겠다.

HTML 엘리먼트의 일부에 CSS 클래스를 배정한다(toolbar, edgetoedge, arrow, button,
back 등). 모든 경우에 이 클래스들은 기본의 jQTouch 테마에 있는 미리 정의된 CSS 클래스
에 해당한다. 여러분은 기존의 jQTouch 테마를 수정하거나 처음부터 다시 작성하는 방식으로
여러분의 클래스를 만들어 사용할 수 있다: 저자는 기본을 사용한다.

시작하기 위해서 index.html이라는 이름으로 파일을 만들고 Home과 About 패널에 대해 예
제 4-1 과 같이 HTML을 추가한다.

[그림 4-1] iQTouch 전의 Kilo

예제 4-1 index.html에 Home과 About 패널에 대한 HTML

```html
<html>
    <head>
        <title>Kilo</title>
    </head>
    <body>
        <div id="home">❶
            <div class="toolbar">❷
                <h1>Kilo</h1>
            </div>
            <ul class="edgetoedge">❸
                <li class="arrow"><a href="#about">About</a></li>❹
            </ul>
        </div>
        <div id="about">
            <div class="toolbar">
                <h1>About</h1>
                <a class="button back" href="#">Back</a>❺
            </div>
            <div>
                <p>Kilo gives you easy access to your food diary.</p>
            </div>
        </div>
    </body>
</html>
```

이 HTML은 기본적으로 title을 가지고 있는 head와 모두 div인 두 개의 차일드를 가지고 있는 body가 있다:

❶ 이 div는 사실상 body의 직속 후손이기 때문에 애플리케이션에 있는 패널이 된다.

❷ 각 패널 div 내부에는 toolbar 클래스를 가지고 있는 div가 있다. toolbar 클래스는 전통적인 아이폰 toolbar 스타일의 엘리먼트를 만들기 위해 jQTouch 테마에 특별히 미리 정의되어 있다.

❸ 이 ul 태그는 edgetoedge 클래스를 가지고 있다. edgetoedge 클래스는 jQTouch가 볼 수 있는 영역에서 좌에서 우로 계속 목록을 나열하도록 한다.

❹ 이 라인에는 링크를 포함하고 있는 li가 있다. 이 링크의 href는 About 패널을 가리키고

있다. li에 arrow 클래스를 포함하는 것은 선택 사항이다. li에 arrow 클래스를 포함하면 목록의 오른편에 chevron을 추가할 것이다.

❺ toolbar 엘리먼트들은 각각 패널의 타이틀이 될 h1 엘리먼트를 포함하고 있다. 이 라인에서는 button back 클래스를 가진 링크가 있다. 이는 jQTouch가 버튼을 보이도록 만들고 back 버튼처럼 동작하도록 한다.

back button에 있는 href에는 #이 설정되어 있다. 보통 이것은 브라우저가 현재 문서의 맨 위로 되돌아가도록 한다. 그러나 jQTouch를 사용할 때에는 이전 패널로 이동한다. 좀 더 향상된 애플리케이션에서는 #home처럼 특정한 곳으로 바로 이동하기를 원할 수도 있다. 이는 이전 패널이 있음에도 불구하고 back button으로 특정한 패널로 이동하도록 한다.

기본적인 HTML을 가지고 jQTouch를 추가하겠다. 일단 여러분은 jQTouch를 다운로드 받아 HTML 문서와 같은 디렉터리에 압축을 푼다. 그리고 페이지의 head에 몇 라인의 코드를 추가한다(예제 4-2).

이 책의 여러 예제들을 위해 여러분은 http://jqtouch.com에서 jQTouch를 다운로드 받고 압축을 풀고 HTML 문서와 같은 디렉터리에 이동할 필요가 있다. 또한 jqtouch 디렉터리로 가서 jQuery JavaScript 파일(jquery.1.3.2.min.js)을 jquery.js 파일로 이름을 변경해야 한다.

예제 4-2 문서의 head에 이 코드를 추가하면 jQTouch가 동작하게 된다.

```
<link type="text/css" rel="stylesheet" media="screen" href="jqtouch/jqtouch.css">❶
<link type="text/css" rel="stylesheet" media="screen" href="themes/jqt/theme.css">❷
<script type="text/javascript" src="jqtouch/jquery.js"></script>❸
<script type="text/javascript" src="jqtouch/jqtouch.js"></script>❹
<script type="text/javascript">❺
    var jQT = $.jQTouch({
        icon: 'kilo.png',
        statusBar: 'black'
    });
</script>
```

❶ jqtouch.css 파일을 포함하고 있다. 이 파일은 animations, orientation 그리고 아이폰 특유의 사소한 것들을 다루기 위해 매우 특별한 하드코어의 구조적 설계 규칙을 정의하고 있다. 이 파일은 사용만 할뿐 편집할 필요는 없다.

❷ 테마를 위해 CSS가 필요하다. jQTouch와 함께 포함된 "jqt" 테마를 사용할 것이다. HTML 문서에 사용되고 있는 클래스들은 이 문서에 있는 CSS 셀렉터들에 상응한다. jQTouch에는 기본적으로 사용 가능한 두 개의 테마가 포함되어 있다. 여러분은 기본 테마를 복사하여 그것을 변경하거나 처음부터 새로 만들 수 있다.

❸ jQTouch는 jQuery를 필요로 한다. jQTouch는 jQuery의 사본을 함께 제공한다. 하지만 원한다면 다른 사본에 링크할 수도 있다.

❹ 여기가 jQTouch가 있는 곳이다. jQuery를 포함한 다음에 jQTouch를 포함해야만 한다. 그렇게 하지 않으면 작동되지 않는다.

❺ jQTouch 객체를 초기화 하는 script 블록이다. 두 개의 속성 값을 송신한다(icon, statusBar).

jQTouch는 애플리케이션의 동작이나 외관을 정의할 수 있도록 여러 가지 속성을 제공한다. 여러분은 이 책의 과정을 통해 여러 가지 속성을 보았을 것이다. 그 속성들은 모두 선택 사항이었다. 그러나 그것들 중 몇 개는 거의 늘 사용하고 있다.

이 경우에 icon은 사용자 Web Clip icon으로 사용할 이미지이고 statusBar는 full screen mode에서 애플리케이션의 맨 위에 있는 20px 긴 모양(StatusBar)의 색상을 제어한다.

jQTouch는 기본적으로 애플리케이션을 full screen mode에서 실행되도록 한다. full screen mode에서 실행시키고 싶지 않다면 속성 목록에 fullScreen : false를 추가하면 된다.

jQTouch 추가 전의 애플리케이션(그림 4-1)과 후의 애플리케이션(그림 4-2) 사이의 차이점은 인상적이다. 그러나 정말 놀라운 것은 10 라인의 코딩으로 애플리케이션에 화려한 슬라이딩을 추가했다는 것이다. 게다가 full screen mode를 사용했고 사용자 status bar 색상을 정의했으며 Web Clip icon을 링크했다.

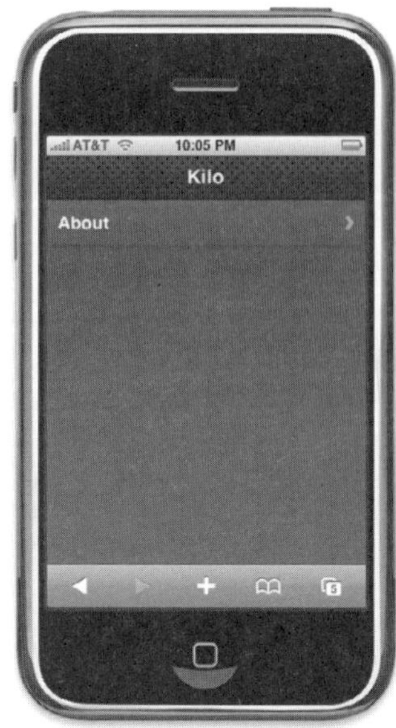

[그림 4-2] jQTouch를 추가한 후의 Kilo

Dates 패널 추가하기

Dates 패널을 추가해보자. Dates 패널은 오늘을 시작으로 5년 전까지의 날짜 목록을 가지고 있다(그림 4-3). About 패널 바로 다음 `</body>` 바로 이전에 Dates 패널(예제 4-3)에 대한 HTML을 추가한다.

예제 4-3 Dates 패널에 대한 HTML

```
<div id="dates">
    <div class="toolbar">
        <h1>Dates</h1>
        <a class="button back" href="#">Back</a>
    </div>
    <ul class="edgetoedge">
        <li class="arrow"><a id="0" href="#date">Today</a></li>
        <li class="arrow"><a id="1" href="#date">Yesterday</a></li>
        <li class="arrow"><a id="2" href="#date">2 Days Ago</a></li>
```

```
        <li class="arrow"><a id="3" href="#date">3 Days Ago</a></li>
        <li class="arrow"><a id="4" href="#date">4 Days Ago</a></li>
        <li class="arrow"><a id="5" href="#date">5 Days Ago</a></li>
    </ul>
</div>
```

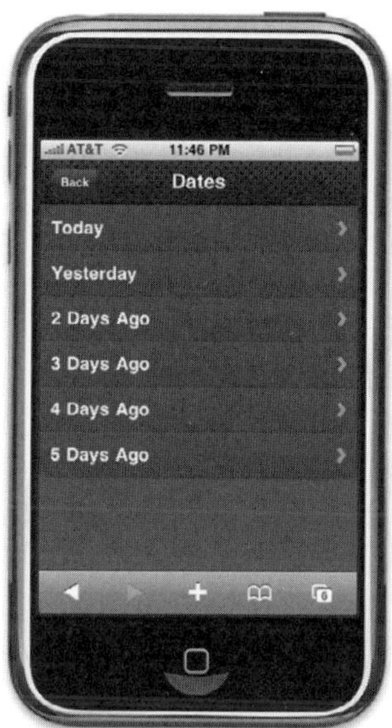

[그림 4-3] Dates 패널은 "back" 버튼을 가진 툴바와 클릭 가능한 상대적인 날짜의 목록을 가지고 있다.

About 패널과 같이 Dates 패널도 타이틀과 back 버튼을 포함한 툴바를 가지고 있다. 툴바 다음에는 링크의 ul edgetoedge 목록이 있다. 모든 링크는 유일한 id를 가지고 있다(0 – 5). 그러나 똑같은 href = (#date)를 가지고 있다.

다음은 Dates 패널에 링크를 가지고 있는 Home 패널을 수정해야 한다. index.html에서 Home 패널에 다음 코드를 추가한다.

```
<div id="home">
    <div class="toolbar">
        <h1>Kilo</h1>
    </div>
    <ul class="edgetoedge">
        <li class="arrow"><a href="#dates">Dates</a></li>
        <li class="arrow"><a href="#about">About</a></li>
```

```
        </ul>
    </div>
```

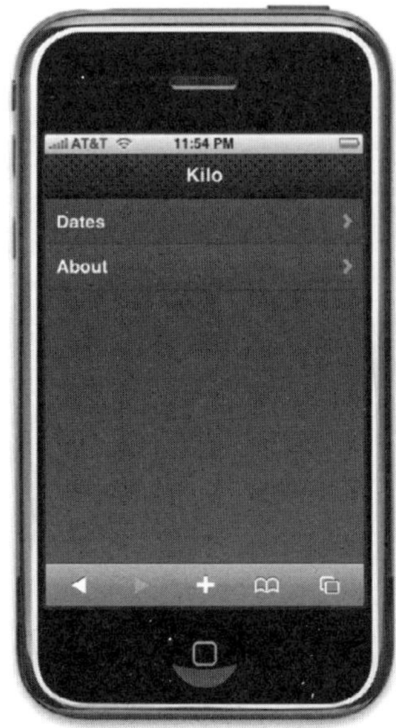

[그림 4-4] Home 패널은 Dates 패널로 가는 링크를 가지고 있다.

그리고 애플리케이션에 새로운 패널을 추가하였다(그림 4-4). Dates 패널에 있는 아이템을 클릭하면 아직은 아무 작동도 하지 않는다. Date 패널을 추가하여 상황을 변화시켜 보자.

Date 패널 추가하기

Date 패널은 두 가지를 제외하고는 이전 패널들과 매우 유사하다(예제 4-4에서 설명한다). Dates 패널 바로 다음 </body> 바로 이전에 Date 패널에 대한 HTML을 추가한다.

예제 4-4 Date 패널에 대한 HTML

```
<div id="date">
    <div class="toolbar">
        <h1>Date</h1>
```

```
        <a class="button back" href="#">Back</a>
        <a class="button slideup" href="#createEntry">+</a>❶
    </div>
    <ul class="edgetoedge">
        <li id="entryTemplate" class="entry" style="display:none">❷
            <span class="label">Label</span>
            <span class="calories">000</span>
            <span class="delete">Delete</span>
        </li>
    </ul>
</div>
```

❶ Date 패널 툴바에는 버튼이 추가되어 있다. 이 버튼을 클릭하면 아직은 구축되지 않았지만 New Entry 패널이 표시되게 할 것이다. 여기서는 링크에 `slideup` 클래스를 설정하였다. 이는 전형적인 탐색 방법인 가로의 형태를 사용하지 않고 타겟 패널이 화면의 아래에서 슬라이드로 올라오는 형태를 갖도록 jQTouch에게 알린다.

❷ 이 패널의 또 다른 특이한 점은 리스트의 항목에 대해 style을 `display:none`으로 설정했다는 것이다. 이는 리스트 항목이 보이지 않게 하는 설정이다.

생성된 entry들을 화면에 표시하기 위해 보이지 않게 설정한 리스트 항목을 하나의 템플릿으로 사용한다. 이 시점에서 entry는 하나도 없고 패널은 툴바를 제외하고는 비어있을 것이다.

우리는 지금 Dates 패널을 추가했다. Dates 패널에 있는 아이템을 클릭하면 비어 있는 Dates 패널이 view에 슬라이드 형태로 나타날 것이다(그림 4-5).

New Entry 패널 추가하기

예제 4-5는 New Entry 패널에 대한 소스 코드를 보이고 있다. 이 코드는 index.html의 끝에 `</body>` 바로 전에 추가한다.

[그림 4-5] 툴바를 제외하고는 Date 패널이 비어있다.

예제 4-5 New Entry 패널에 대한 HTML

```
<div id="createEntry">
    <div class="toolbar">
        <h1>New Entry</h1>
        <a class="button cancel" href="#">Cancel</a>❶

    </div>
    <form method="post">❷
        <ul>
            <li><input type="text" placeholder="Food" name="food" id="food"
                autocapitalize="off" autocorrect="off" autocomplete="off" /></li>
            <li><input type="text" placeholder="Calories" name="calories" id="calories"
                autocapitalize="off" autocorrect="off" autocomplete="off" /></li>
            <li><input type="submit" class="submit" name="action"
                value="Save Entry" /></li>❸

        </ul>
    </form>
</div>
```

❶ New Entry 패널은 Back 버튼 대신 Cancel 버튼을 가지고 있다.

> jQTouch에 있는 Cancel 버튼은 Back 버튼처럼 동작한다. 즉, view에서 현재 페이지가 사라질 때 view에 처음 나타날 때 사용한 역(reverse) 애니메이션을 사용한다. 그러나 Back 버튼과는 달리 Cancel 버튼은 왼쪽 화살표 모양이 아니다.
>
> 여기서는 New Entry 패널에 Cancel 버튼을 사용했다. 왜냐하면 Cancel 버튼이 보일 때는 슬라이드 형식으로 위로 올라오고 사라질 때는 슬라이드 형식으로 아래로 내려가기 때문이다. 패널이 슬라이드 형식으로 아래로 사라지는데 왼쪽을 가리키는 Back 버튼을 클릭하는 것은 직관적이지 못하다.

❷ 이 HTML 형식은 세 개의 아이템을 가지고 있는 unordered list를 포함하고 있다. 두 개는 Text field이고 하나는 submit 버튼이다. li에 내장된 폼 컨트롤들은 jqt 테마에 의해 폼이 그림 4–6처럼 디자인 된다.

각 text input은 몇 개의 정의된 속성들을 가지고 있다:

type : 1라인 텍스트 입력 필드 형태의 컨트롤을 설정한다.

placeholder : 입력 부분이 비어있을 때 입력 항목에 보여줄 문자열이다.

name : 폼이 submit 되었을 때 사용자에 의해 전달된 값과 연계될 이름이다.

id : 전체 페이지의 문장에 있는 엘리먼트에 대한 유일한 식별자이다.

autocapitalize : 모바일 Safari 특유의 설정으로 기본으로 되어 있는 자동대문자 기능을 해제한다.

autocorrect : 모바일 Safari 특유의 설정으로 기본으로 되어 있는 맞춤법 검사 기능을 해제한다.

autocomplete : 모바일 Safari의 자동완료 기능을 해제한다.

❸ submit 입력 버튼의 클래스 속성은 설명이 필요하다. 아이폰은 커서가 필드에 있을 때마다 키보드를 보여준다. 키보드는 오른쪽 아래 부분에 Go 버튼을 가지고 있다. 그 버튼을 클릭하면 폼을 submit한다. 하지만 이 Go 버튼을 클릭하여 폼을 submit한 후에도 여전히 커서가 액티브 필드에 있기 때문에 키보드가 view에서 사라지지 않는다. 이를 개선하

기 위해 jQTouch는 편리한 방법을 제공한다. 폼이 submit될 때 액티브 필드로부터 자동으로 커서를 제거하는 것이다. 이러한 기능을 이용하기 위해서 단지 폼의 submit 엘리먼트에 submit 클래스를 추가하기만 하면 된다.

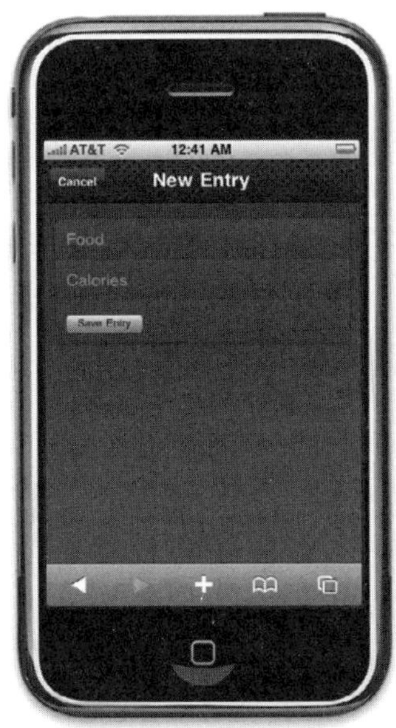

[그림 4-6] jqt 테마는 폼 엘리먼트를 디자인하는 역할을 한다.

그림 4-7은 New Entry 폼이 활성화된 모습니다. 우리는 아직 사용자가 Save Entry를 클릭했을 때 실제로 entry를 저장하는 작업은 하지 않았다. 5장에서 그 부분을 완성할 것이다.

Settings 패널 추가하기

우리는 아직 사용자가 탐색하기 위한 버튼을 만들지 않았다. Home 패널의 툴바에 하나를 추가해보자(그림 4-8). 아래 예제처럼 HTML에 굵은 글씨체로 되어있는 한 라인만 추가하면 된다.

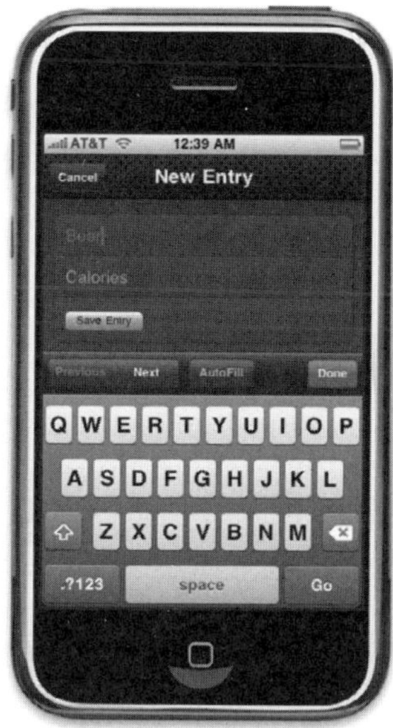

[그림 4-7] New Entry form 과 Keyboard data entry

```
<div id="home">
    <div class="toolbar">
        <h1>Kilo</h1>
        <a class="button flip" href="#settings">Settings</a>❶
    </div>
    <ul class="edgetoedge">
        <li class="arrow"><a href="#dates">Dates</a></li>
        <li class="arrow"><a href="#about">About</a></li>
    </ul>
</div>
```

❶ 버튼을 추가하는 라인이다. 링크에 flip 클래스를 배정하였다. 이는 Home 패널에서 Settings 패널로 이동할 때 jQTouch는 이를 페이지를 옆으로 넘기는 듯한 형태로 보여준다. 자연스러운 처리를 위해서 움직이는 동안은 페이지가 실제로 급히 줄어든다. 이는 아이폰에 기본으로 제공되는 Weather 애플리케이션과 유사하다.

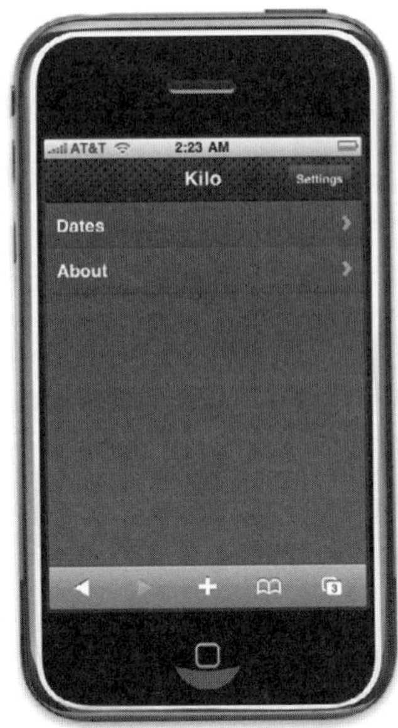

[그림 4-8] Settings 버튼이 Home 패널의 toolbar에 추가되었다.

New Entry 패널과 비교해서 Settings 패널은 꽤 친숙할 것이다(예제 4–6). text 입력이 하나 더 있고 대부분의 속성들이 생략되었거나 서로 다른 값을 가지고 있다. 하지만 이 서로 다른 값들도 개념상으로는 동일하다. 다른 패널에서와 같이 HTML 문서에 코드를 추가해보자. 완료된 모습은 그림 4–9와 같다.

New Entry 폼에서처럼 Settings도 이 폼과 연관된 어떠한 정보도 현재로서는 저장할 수 없다. 이 submission에 대한 핸들러는 다음 장에서 설명할 것이다.

하나의 HTML로 완성하기

여러분이 지금까지 완성한 코드는 100라인 미만일 것이다. 우리는 다섯 패널 애플리케이션을 위한 아이폰 형의 UI를 만들었고, 세 개의 서로 다른 페이지 교환 애니메이션을 완성했다. 지금까지 제시된 HTML 예제의 조각을 하나로 완성하면 예제 4–7과 같다. 여러분의 완성된 코드와 비교해보기 바란다.

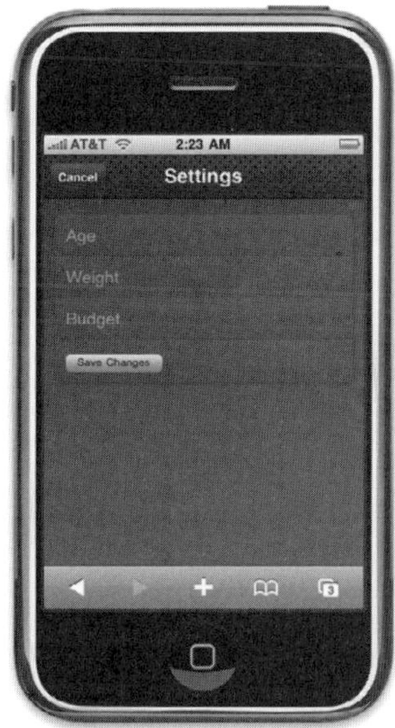

[그림 4-9] The Settings panel

예제 4-7 다섯 패널 UI에 대한 완성된 HTML

```html
<html>
    <head>
        <title>Kilo</title>
        <link type="text/css" rel="stylesheet" media="screen" href="jqtouch/jqtouch.css">
        <link type="text/css" rel="stylesheet" media="screen"
            href="themes/jqt/theme.css">
        <script type="text/javascript" src="jqtouch/jquery.js"></script>
        <script type="text/javascript" src="jqtouch/jqtouch.js"></script>
        <script type="text/javascript">
            var jQT = $.jQTouch({
                icon: °Ækilo.png°Ø,
                statusBar: °Æblack°Ø
            });
        </script>
    </head>
    <body>
        <div id="home">
            <div class="toolbar">
                <h1>Kilo</h1>
                <a class="button flip" href="#settings">Settings</a>
```

```
            </div>
            <ul class="edgetoedge">
                <li class="arrow"><a href="#dates">Dates</a></li>
                <li class="arrow"><a href="#about">About</a></li>
            </ul>
        </div>
        <div id="about">
            <div class="toolbar">
                <h1>About</h1>
                <a class="button back" href="#">Back</a>
            </div>
            <div>
                <p>Kilo gives you easy access to your food diary.</p>
            </div>
        </div>
        <div id="dates">
            <div class="toolbar">
                <h1>Dates</h1>
                <a class="button back" href="#">Back</a>
            </div>
            <ul class="edgetoedge">
                <li class="arrow"><a id="0" href="#date">Today</a></li>
                <li class="arrow"><a id="1" href="#date">Yesterday</a></li>
                <li class="arrow"><a id="2" href="#date">2 Days Ago</a></li>
                <li class="arrow"><a id="3" href="#date">3 Days Ago</a></li>
                <li class="arrow"><a id="4" href="#date">4 Days Ago</a></li>
                <li class="arrow"><a id="5" href="#date">5 Days Ago</a></li>
            </ul>
        </div>
        <div id="date">
            <div class="toolbar">
                <h1>Date</h1>
                <a class="button back" href="#">Back</a>
                <a class="button slideup" href="#createEntry">+</a>
            </div>
            <ul class="edgetoedge">
                <li id="entryTemplate" class="entry" style="display:none">
                    <span class="label">Label</span>
                    <span class="calories">000</span>
                    <span class="delete">Delete</span>
                </li>
            </ul>
```

```
        </div>
        <div id="createEntry">
            <div class="toolbar">
                <h1>New Entry</h1>
                <a class="button cancel" href="#">Cancel</a>
            </div>
            <form method="post">
                <ul>
                    <li><input type="text" placeholder="Food"
                        name="food" id="food" autocapitalize="off"
                        autocorrect="off" autocomplete="off" /></li>
                    <li><input type="text" placeholder="Calories"
                        name="calories" id="calories" autocapitalize="off"
                        autocorrect="off" autocomplete="off" /></li>
                    <li><input type="submit" class="submit" name="action"
                        value="Save Entry" /></li>
                </ul>
            </form>
        </div>
        <div id="settings">
            <div class="toolbar">
                <h1>Settings</h1>
                <a class="button cancel" href="#">Cancel</a>
            </div>
            <form method="post">
                <ul>
                    <li><input placeholder="Age" type="text" name="age" id="age" /></li>
                    <li><input placeholder="Weight" type="text" name="weight"
                        id="weight" /></li>
                    <li><input placeholder="Budget" type="text" name="budget"
                        id="budget" /></li>
                    <li><input type="submit" class="submit" name="action"
                        value="Save Changes" /></li>
                </ul>
            </form>
        </div>
    </body>
</html>
```

jQTouch 사용자 정의에 맞추기

jQTouch는 다양한 속성들을 설정하도록 하여 기본 동작을 상용자가 정의할 수 있도록 해준다. 우리는 앞에서 `icon`과 `status bar`로 그 예를 보았지만 그 외에도 아직도 알아야 할 것이 많다.

[표 4-1] jQTouch 사용자 정의 options

Property	Default	Expects	Notes
addGlossToIcon	true	true 또는 false	true이면 Web Clip icon에 광택 효과를 추가한다.
backSelector	'.back, .cancel, .goback'	유효한 CSS 셀렉터; 다중 값일 경우 콤마(,)로 구분	탭될 때 jQTouch의 "back" 동작을 시작할 엘리먼트를 정의한다. back 동작이 시작되면 현재 패널은 역(reverse) 애니메이션으로 화면에서 사라지고 히스토리에서도 제고된다.
cacheGetRequests	true	true 또는 false	true이면 GET 요청을 자동으로 cache에 저장한다. 그래서 그 이후의 클릭은 이미 로드된 데이터를 참조한다.
cubeSelector	'.cube'	유효한 CSS 셀렉터; 다중 값일 경우 콤마(,)로 구분	현재 페이지에서 타겟 페이지까지 cube 애니메이션을 시작할 엘리먼트를 정의한다.
dissolveSelector	'.dissolve'	유효한 CSS 셀렉터; 다중 값일 경우 콤마(,)로 구분	현재 페이지에서 타겟 페이지까지 dissolve 애니메이션을 시작할 엘리먼트를 정의한다.
fadeSelector	'.fade'	유효한 CSS 셀렉터; 다중 값일 경우 콤마(,)로 구분	현재 페이지에서 타겟 페이지까지 fade 애니메이션을 시작할 엘리먼트를 정의한다.
fixedViewport	true	true 또는 false	true이면 사용자가 페이지에서 확대/축소 할 수 없다.
flipSelector	'.flip'	유효한 CSS 셀렉터; 다중 값일 경우 콤마(,)로 구분	현재 페이지에서 타겟 페이지까지 flip 애니메이션을 시작할 엘리먼트를 정의한다.

[표 4-1] 계속

Property	Default	Expects	Notes
formSelector	`'form'`	유효한 CSS 셀렉터; 다중 값일 경우 콤마(,)로 구분	CSS 태마에 의해 form으로 디자인 될 엘리먼트를 정의한다.
fullScreen	true	`true` 또는 `false`	`true`이면 사용자의 home screen에서 애플리케이션이 시작될 때 full screen mode로 오픈된다. 애플리케이션이 모바일 Safari에서 실행되고 있을 때는 아무 영향을 미치지 못한다.
fullScreenClass	`'fullscreen'`	String	애플리케이션이 full screen mode로 시작될 때 body에 적용될 클래스명이다. full screen mode에서 실행할 때에만 custom CSS를 기입할 수 있다.
icon	null	`null` 또는 57×57px png 이미지 파일의 상대/절대 경로	애플리케이션을 위한 Web Clip icon이다. 사용자가 애플리케이션을 home screen에 저장할 때 표시되는 이미지이다.
popSelector	`'.pop'`	유효한 CSS 셀렉터; 다중 값일 경우 콤마(,)로 구분	현재 페이지에서 타겟 페이지까지 pop 애니메이션을 시작할 엘리먼트를 정의한다.
preloadImages	false	페이지를 로드하기 전에 로드하는 이미지 경로의 배열	예: `['images/link_over.png', 'images/link_select.png']`.
slideInSelector	`'ul li a'`	유효한 CSS 셀렉터; 다중 값일 경우 콤마(,)로 구분	현재 페이지에서 타겟 페이지까지 slide left 애니메이션을 시작할 엘리먼트를 정의한다.
slideupSelector	`'.slideup'`	유효한 CSS 셀렉터; 다중 값일 경우 콤마(,)로 구분	현재 페이지 앞에서 view에 slide up할 타겟 패널을 발생시키는 엘리먼트를 정의한다.
startupScreen	null	`null` 또는 이미지 파일의 상대/절대 경로	full-screen 애플리케이션을 위한 320px×460px 시작 화면에 대한 상대/절대 경로를 전달한다. statusBar를 black-translucent로 설정했을 경우에는 320px × 480px 이미지를 사용한다.

[표 4-1] 계속

Property	Default	Expects	Notes
statusBar	'default'	default, black-translucent, black	full screen mode에서 시작되는 애플리케이션에서 윈도우의 맨 위에 20pixel status bar의 모양을 정의한다.
submitSelector	'.submit'	유효한 CSS 셀렉터; 다중 값일 경우 콤마(,)로 구분	셀렉터는 클릭될 때 parent form을 submit한다 (오픈되면 키도드가 닫힌다).
swapSelector	'.swap'	유효한 CSS 셀렉터; 다중 값일 경우 콤마(,)로 구분	현재 페이지 앞에 있는 view에 swap할 타겟 패널을 발생시키는 엘리먼트를 정의한다.
useAnimations	true	true 또는 false	false이면 모든 애니메이션이 사용 불가능한 상태가 된다.

이 장을 마치며

이 장에서는 wep app에 jQTouch를 이용하여 마치 native처럼 보이는 여러 애니메이션을 추가하였다. 다음 장에서는 새로운 로컬 기억장치 사용법과 HTML5의 client-side 데이터베이스 특징을 배울 것이다. 이는 애플리케이션에 견고한 데이터 기억장치를 추가하는 데 도움이 될 것이다.

Chapter 05

Client-Side 데이터 기억장치

iPhone Apps with HTML, CSS, and JavaScript

대부분의 소프트웨어 애플리케이션은 지속적으로 유용하게 사용하기 위해서 데이터 저장이 필요하다. 초기에 웹 애플리케이션에서는 주로 이러한 역할을 서버 측 database나 브라우저에 있는 쿠키가 담당하였다. 하지만 HTML5의 등장으로 웹 개발자들은 더 많은 선택의 여지가 생겼다: localStorage, sessionStorage, client-side databases.

localStorage와 sessionStorage

localStorage와 sessionStorage(둘을 총칭하여 key/value storage라고 부른다)는 다수의 페이지들을 검색할 때 name/value 쌍을 설정하기 위해 JavaScript를 사용한다는 점에서 쿠키와 매우 유사하다.

그러나 쿠키와 달리 localStorage와 sessionStorage는 브라우저의 요청이 있을 때 데이터를 와이어를 통해 전송하지 않는다—데이터는 오로지 클라이언트에만 존재한다. 그러므로 쿠키를 사용하는 것보다 더 많은 데이터를 저장하는 것이 가능하다.

이 글을 쓰는 시점에서 localStorage와 sessionStorage를 위한 브라우저 크기 제한은 여전히 불안정하다.

localStorage와 sessionStorag는 기능적으로 같은데 지속성과 범위 측면에서만 다르다:

`localStorage`

윈도우가 닫힌 후에도 데이터가 저장된다. 그리고 데이터는 같은 소스(도메인 네임과 프로토콜, 포트가 같아야 한다)로부터 로드된 모든 윈도우에서 사용 가능하다. 이는 애플리케이션 환경 설정 같은 것에 유용하다.

`sessionStorage`

데이터는 윈도우 객체와 함께 저장된다. 다른 윈도우(또는 탭)들은 데이터 값을 알지 못하고 윈도우가 닫힐 때 데이터가 사라진다. 활성화된 탭을 강조하는 것과 같은 윈도우의 특정 상태만을 저장할 때나 테이블 정렬 순서를 저장할 때 유용하다.

다음 예제에서 모든 localStorage는 sessionStorage로 대체할 수 있다.

value 설정은 매우 간단하다:

```
localStorage.setItem('age', 40);
```

저장된 value에 접근하는 것도 간단하다:

```
var age = localStorage.getItem('age');
```

기억장치에서 특정한 key/value 쌍을 삭제할 수 있다:

```
localStorage.removeItem('age');
```

또는, 다음과 같이 모든 key/value 쌍을 삭제할 수 있다.

```
localStorage.clear();
```

Key가 타당한 JavaScript token(밑줄을 제외한 구두점과 여백이 없어야 한다)이라면 다음 문장을 사용할 수 있다.

```
localStorage.age = 40 // Set the value of age
var age = localStorage.age; // Get the value of age
delete localStorage.age; // Remove age from storage
```

localStorage와 sessionStorage의 key는 분리되어 독립적으로 저장된다. 각각 같은 key 네임을 사용하더라도 서로 충돌하지 않는다.

사용자 설정을 localStorage에 저장하기

실제적인 예제를 살펴보자. 4장에서 만든 애플리케이션 예제의 Settings 패널을 수정하여 form value를 localStorage에 저장한다.

이 장에서는 JavaScript를 아주 많이 쓸 것이다. 하지만 HTML 문서의 모든 head 섹션에 JavaScript를 끼어 넣고 싶지는 않다. 코드를 조직적으로 유지하기 위해서 kilo.js라는 파일을 만들고 HTML 문서의 head가 이를 참조하도록 수정할 것이다.

```
<head>
    <title>Kilo</title>
    <link type="text/css" rel="stylesheet" media="screen"
href="jqtouch/jqtouch.css">
    <link type="text/css" rel="stylesheet" media="screen"
        href="themes/jqt/theme.css">
    <script type="text/javascript" src="jqtouch/jquery.js"></script>
    <script type="text/javascript" src="jqtouch/jqtouch.js"></script>
    <script type="text/javascript" src="kilo.js"></script>
</head>
```

눈치 빠른 독자는 저자가 HTML 문서의 head에서 jQTouch 컨스트럭터를 삭제했다는 것을 알아차렸을 것이다. 하지만 사라진 것은 아니다. 단지 jQTouch 컨스트럭터를 kilo.js로 옮긴 것이다. 메인 HTML 파일에서 삭제하고 kilo.js 파일을 같은 디렉터리에 만든다. 그리고 제대로 작동하는지를 확인하기 위해 브라우저에서 메인 HTML 문서를 다시 로딩한다.

```javascript
var jQT = $.jQTouch({
    icon: 'kilo.png',
    statusBar: 'black'
});
```

Settings 폼의 submit 동작을 오버라이드할 필요가 있다. 그리고 saveSettings()라는 이름의 사용자 함수로 대체한다. jQuery 덕에 한 라인으로 완료되었다. 그리고 document에 ready 함수를 넣는다. kilo.js에 다음 코드를 추가하자.

```javascript
$(document).ready(function(){
    $('#settings form').submit(saveSettings);
});
```

이 결과는 사용자가 Settings 폼을 submit 했을 때 실제로 폼을 submit 하는 것 대신 saveSettings()가 실행된다.

saveSettings() 함수가 호출될 때 폼에 있는 세 개의 입력에서 jQuery의 val() 함수를 이용하여 값을 가로채서 이 각각의 값들을 localStorage에 같은 이름의 변수로 저장한다. 이 함수를 kilo.js에 추가하자.

```javascript
function saveSettings() {
    localStorage.age = $('#age').val();
    localStorage.budget = $('#budget').val();
    localStorage.weight = $('#weight').val();
    jQT.goBack();
    return false;
}
```

일단, 값이 저장되면 패널이 사라지고 이전 페이지로 되돌아가기 위해 jQuery의 goBack() 함수(마지막에서 두 번째 라인)를 사용한다. 이때 false를 return해야 submit 이벤트의 기본 동작을 막을 수 있다. 이 라인(goBack() 함수)을 생략하고 현재 페이지를 다시 로드해보면 원하는 대로 동작하지 않는다는 것을 알 수 있다.

이 시점에서 사용자는 애플리케이션에 적용하여 테스트해볼 수 있다. Settings 패널로 가서 설정 값을 입력한 후 폼을 submit 하면 설정 값들이 localStorage에 저장된다.

폼이 submit 되었을 때 필드의 값들을 지우지 않았기 때문에 Settings 패널로 다시 돌아왔을 때 사용자 입력 값들이 여전히 남아있다. 그러나 이것은 값들이 localStorage에 저장되었기 때문이 아니다. 이것은 단지 입력된 후 여전히 남아있기 때문이다. 그러므로 다시 그 애플리케이션을 실행시켜 Settings 패널로 가면 필드들은 비록 저장되었을지라도 비어있을 것이다.

이를 교정하기 위해서 loadSettings() 함수를 이용하여 설정 값들을 로드할 필요가 있다. 다음 코드를 kilo.js에 추가해보자.

```
function loadSettings() {
    $('#age').val(localStorage.age);
    $('#budget').val(localStorage.budget);
    $('#weight').val(localStorage.weight);
}
```

loadSettings() 함수는 saveSettings() 함수의 반대이다. Settings 폼의 세 필드들에 localStorage에 저장된 대응되는 값들을 설정하기 위해서 jQuery의 val() 함수를 사용한다.

추가한 loadSettings() 함수를 적용하여 테스트해보자. 이 함수가 실행될 가장 확실한 시점은 애플리케이션이 시작될 때이다. 이 상황을 만들기 위해서 kilo.js의 document ready 함수에 한 라인을 추가한다.

```
$(document).ready(function(){
    $('#settings form').submit(saveSettings);
    loadSettings();
});
```

공교롭게도 처음 시작할 때만 설정값을 로딩한다면 사용자가 Settings 패널에서 어떤 값을 변경한 후 폼을 submit 히지 않고 취소 버튼을 누를 경우에는 이상 현상이 여전히 남아있게 된다.

이 경우에는 심지어 값을 저장하지 않았을 때조차도 사용자가 다시 Settings 패널에 가면 이전에 입력된 값들은 여전히 남아있을 것이다. 사용자가 애플리케이션을 닫고 다시 시작하면 표시되는 값들은 저장된 값들로 복귀한다. 왜냐하면 loadSettings() 함수는 시작할 때 새로 고침하기 때문이다.

이러한 상황을 교정할 수 있는 여러 가지 방법이 있다. 그 중 저자가 생각하는 가장 유용한 방법은 Settings 패널이 view의 안이나 밖으로 이동을 시작할 때마다 표시되는 값들을 새로 고침하는 것이다.

jQTouch 덕분에 Settings 패널의 pageAnimationStart 이벤트에 loadSettings() 함수를 바인딩하는 것은 간단하다. 이전에 추가한 라인을 굵은 글씨체로 된 코드로 대체하자.

```
$(document).ready(function(){
    $('#settings form').submit(saveSettings);
    $('#settings').bind('pageAnimationStart', loadSettings);
});
```

kilo.js 파일에 포함된 JavaScript는 Settings 패널을 지원하는 지속적인 데이터를 제공한다. 이를 위해 우리가 작성한 코드는 그리 많지 않다. 지금까지 작성한 kilo.js는 다음과 같다.

```
var jQT = $.jQTouch({
    icon: 'kilo.png',
    statusBar: 'black'
});
$(document).ready(function(){
    $('#settings form').submit(saveSettings);
    $('#settings').bind('pageAnimationStart', loadSettings);
});
function loadSettings() {
    $('#age').val(localStorage.age);
    $('#budget').val(localStorage.budget);
    $('#weight').val(localStorage.weight);
}
function saveSettings() {
    localStorage.age = $('#age').val();
    localStorage.budget = $('#budget').val();
    localStorage.weight = $('#weight').val();
    jQT.goBack();
```

```
        return false;
    }
```

선택한 Date를 sessionStorage에 저장하기

궁극적으로 우리가 하고자 하는 것은 Date 패널을 원하는 방식으로 설정하는 것이다. 즉, 패널이 화면에 출력될 때 기입된 날짜에 대한 레코드들을 체크하여 edge-to-edge 리스트로 보여주도록 한다. 이를 위해서는 Dates 패널에서 어떤 Date가 탭되었는지 Date 패널이 알아야만 한다.

또 사용자가 database에 항목을 추가하고 삭제할 수 있도록 한다. 그래서 Date 패널에 이미 존재하는 '+' 버튼에 항목 추가에 대한 지원을 추가하고, 차후에 Date 패널 항목 템플릿에 "Delete" 버튼을 추가할 것이다.

첫 번째 단계는 Dates 패널에서 여기까지 탐색하기 위해 어떤 아이템이 클릭되었는지를 Date 패널이 알도록 하는 것이다. 이 정보로 알맞은 날짜를 계산할 수 있다. 다음과 같이 kilo.js의 document ready 함수에 몇 라인을 추가한다.

```
$(document).ready(function(){
    $('#settings form').submit(saveSettings);
    $('#settings').bind('pageAnimationStart', loadSettings);
    $('#dates li a').click(function(){❶
        var dayOffset = this.id;❷
        var date = new Date();❸
        date.setDate(date.getDate() - dayOffset);
        sessionStorage.currentDate = date.getMonth() + 1 + '/' +
                                     date.getDate() + '/' +
                                     date.getFullYear();❹
        refreshEntries();❺
    });
});
```

❶ 이 라인은 Dates 패널의 링크에 대한 클릭 이벤트와 우리가 작성한 코드를 바인딩시키기 위해 jQuery의 click() 함수를 사용하고 있다.

❷ 여기에서는 클릭된 객체의 id를 가로채서 dayOffset 변수에 저장한다. Dates 패널에 있는 링크는 id가 0에서 5까지의 값을 가지고 있다. 그래서 클릭된 링크의 id는 클릭된 날짜

를 계산하는 데 필요한 일수에 해당된다고 할 수 있다(0일이 지나면 오늘, 1일이 지나면 어제, 2일이 지나면 그저께 등).

이러한 맥락에서 "this" 키워드는 클릭 이벤트의 타겟이 되는 객체에 대한 참조를 말한다.

❸ 이 라인에서는 JavaScript Date 객체를 생성하고 date 변수에 저장한다. 이 날짜는 생성된 시간을 가리키고 있다. 그래서 다음 라인에서 getDate() 함수로 이 객체가 가지고 있는 날짜를 가져와 여기서 dayOffset을 빼준다. 그리고 이 결과 값을 setDate() 함수를 이용해 date가 다시 가리키도록 한다.

❹ date의 날짜 포맷을 "MM/DD/YYYY"로 하고 이를 sessionStorage에 currentDate로 저장한다.

date 객체의 getMonth() 메서드는 0–11값을 반환한다. 1월은 0이 된다. 그러므로 포맷된 문자열에 정확한 값을 나타내기 위해서는 1을 더해야 한다.

❺ 마지막으로 refreshEntries() 함수를 호출한다. refreshEntries() 함수의 역할은 화면에 등장하는 Date 패널을 Dates 패널에서 탭되어진 날짜를 기반으로 알맞게 수정하는 것이다. Dates 패널의 toolbar 타이틀을 선택된 날짜로 갱신할 것이다. 이 갱신 작업을 하지 않으면 그림 5–1에서처럼 단지 "Date"만 보인다. 그림 5–2는 refreshEntries() 함수가 처리된 후의 모습이다.

다음은 refreshEntries() 함수의 코드이다.

```
function refreshEntries() {
    var currentDate = sessionStorage.currentDate;
    $('#date h1').text(currentDate);
}
```

[그림 5-1] refreshEntries() 함수 호출 전에는 타이틀에 "Date"만 출력된다.

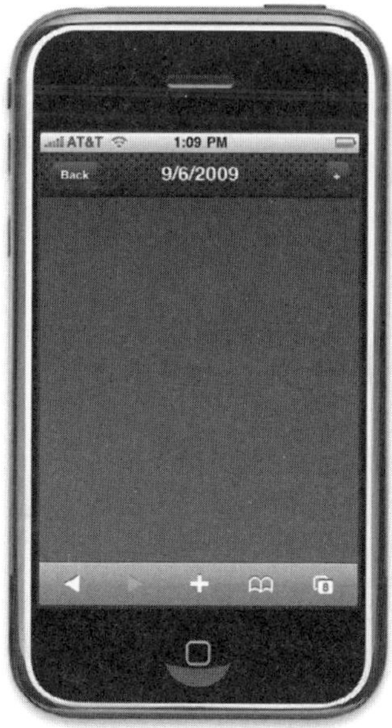

[그림 5-2] refreshEntries() 함수 호출 후에는 타이틀에 선택된 날짜가 반영된다.

다음은 좀 더 강력하고 복잡한 client-side 데이터 기억장치 메서드에 대해 소개하겠다. 이 메서드를 이용하여 Date 패널에 있는 사용자의 음식 항목을 저장할 것이다.

Client-Side Database

HTML5의 모든 흥미로운 특징 중에 가장 훌륭한 것은 client-side database를 지원하는 것이다. 이것은 개발자가 사용하는 방법은 매우 간단하면서도 관련된 포맷으로 지속적인 데이터를 저장하기에 매우 강력한 JavaScript database API이다.

개발자는 테이블을 생성할 때나 레코드를 삽입, 갱신, 선택, 삭제할 때 등 표준 SQL 문장을 사용할 수 있다. JavaScript database API는 심지어 트랜잭션도 지원한다.

SQL은 자체가 매우 복잡하다. 그래서 잘 만들어진 답안을 얻어내려면 많은 시간과 노력이 필요하다.

Database 만들기

지금까지 Date 패널은 사용자가 선택한 날짜를 알고 있기 때문에 사용자가 항목을 생성하는 데 필요한 모든 정보를 가지고 있게 된다. createEntry 함수를 코드에 추가하기 전에 submit 된 데이터를 저장할 database 테이블을 설정해야 한다. kilo.js에 다음 몇 라인을 추가한다.

```
var db;❶
$(document).ready(function(){
    $('#settings form').submit(saveSettings);
    $('#settings').bind('pageAnimationStart', loadSettings);
    $('#dates li a').click(function(){
        var dayOffset = this.id;
        var date = new Date();
        date.setDate(date.getDate() - dayOffset);
        sessionStorage.currentDate = date.getMonth() + 1 + '/' +
                                     date.getDate() + '/' +
                                     date.getFullYear();
        refreshEntries();
    });
```

```
        var shortName = 'Kilo';❷
        var version = '1.0';
        var displayName = 'Kilo';
        var maxSize = 65536;
        db = openDatabase(shortName, version, displayName, maxSize);❸
        db.transaction(❹
            function(transaction) {❺
                transaction.executeSql(❻
                    'CREATE TABLE IF NOT EXISTS entries ' +
                    ' (id INTEGER NOT NULL PRIMARY KEY AUTOINCREMENT, ' +
                    '  date DATE NOT NULL, food TEXT NOT NULL, ' +
                    ' calories INTEGER NOT NULL );'
                );
            }
        );
    });
```

❶ 애플리케이션의 전역 범위에 db라는 변수를 추가한다. 이 변수는 일단 연결된 database 에 계속 참조하기 위해 사용된다. 이 변수는 여러 곳에서 사용되기 때문에 전역 변수로 정 의되었다.

❷ 네 개의 라인은 openDatabase를 호출하기 위해 몇 개의 var을 정의하고 있다.

shortName

디스크에 있는 database 파일을 참조하기 위해 사용되는 문자열이다.

version

Database 스키마를 바꿀 필요가 있을 경우, 업그레이드와 이전 버전과의 호환을 처 리하기 위해 사용한다.

displayName

사용자 인터페이스에 보이는 문자열이다. 예를 들어 아이폰에 있는 Settings 애플리 케이션에서 Settings → Safari → Database panel에 displayName이 보인다.

maxSize

Database가 가지는 최대 크기를 킬로비이트 단위로 지정한다.

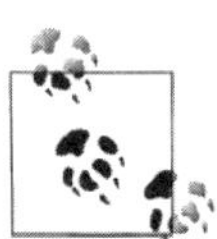
Database 크기 제한은 브라우저 벤더에 의해 아직도 시행되고 있다. 그래서 애플리케이션을 테스트하는 동안 여러 시행착오를 겪을 수 있다. 아이폰의 기본 크기는 5 MB이다. Database 크기가 이 기본 크기를 초과한다면 사용자는 자동적으로 크기 증가를 허용하거나 취소하도록 요청받을 것이다. 증가를 허용하는 경우에, database 크기 한계는 10 MB로 커지고 취소하는 경우에는 QUOTA_ERR 에러가 리턴된다.

❸ 앞에서 설정한 파라미터 값을 가지고 openDatabase 함수를 호출하고 연결을 db 변수에 저장한다. Open하고자 하는 database가 존재하지 않으면 새로 생성한다.

연결된 database에 테이블이 하나도 없다면 하나의 entries 테이블을 생성해야 한다.

❹ 모든 database 쿼리는 트랜잭션의 컨텍스트 형태로 사용된다. 그래서 여기에서도 db 객체의 transaction 메서드를 호출하는 것으로 시작한다. 나머지 라인은 하나의 파라미터로 트랜잭션에 보내지는 함수의 구성이다.

❺ 여기서는 익명의 함수를 사용하여 파라미터로 트랜잭션을 전달한다.

❻ 함수 내부에서 표준 CREATE TABLE 쿼리를 실행하기 위해 트랜잭션 객체의 executeSql 메서드를 호출한다.

이대로 애플리케이션을 시작한다면 아이폰에 Kilo라는 이름의 database가 생성될 것이다. 아이폰에서 Settings→Safari→Database→Kilo 순으로 탐색해 보면 이를 볼 수 있을 것이다. 그림 5-3은 database 설정을 보이고 있다.

Safari 데스크톱 버전에서는 Develop→Show Web Inspector 순으로 찾아가 Database 탭을 클릭하면 client-side database를 실제로 보고 상호 작용할 수 있다(Develop 메뉴가 사용 불가능하면 Safari의 Preferences로 가서 Advanced preferences page에서 Develop 메뉴를 사용 가능하게 설정한다).

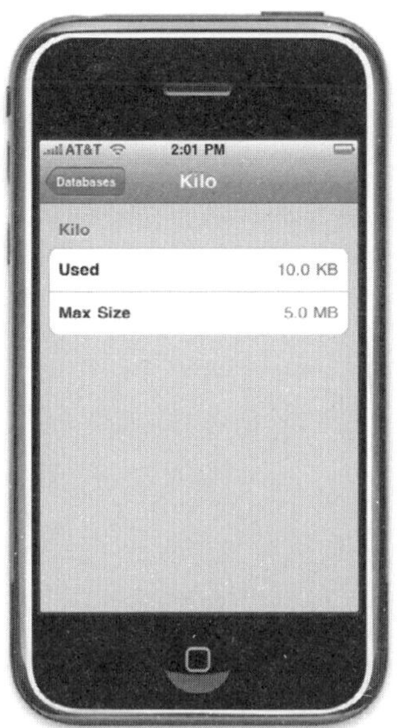

[그림 5-3] 아이폰에 있는 database 패널이다.

WebKit에서는 Database tab을 Storage라는 이름으로 사용한다. 저자는 Storage가 더 정확한 이름이라고 생각한다. 그래서 나중에 Safari에서 이름을 이렇게 바꾸더라도 쉽게 받아들일 수 있다.

데스크톱 Safari에 포함된 Web Inspector는 디버깅할 때 매우 유익하다. 기본적으로 이것은 현재 브라우저 윈도우의 패널로 나타난다. 하단의 아이콘을 클릭하면 Web Inspector는 그림 5-4에 보이는 것처럼 분리된 윈도우로 나타난다. Database 이름을 클릭하면 임의의 SQL 쿼리문을 database에 전송한다(그림 5-5).

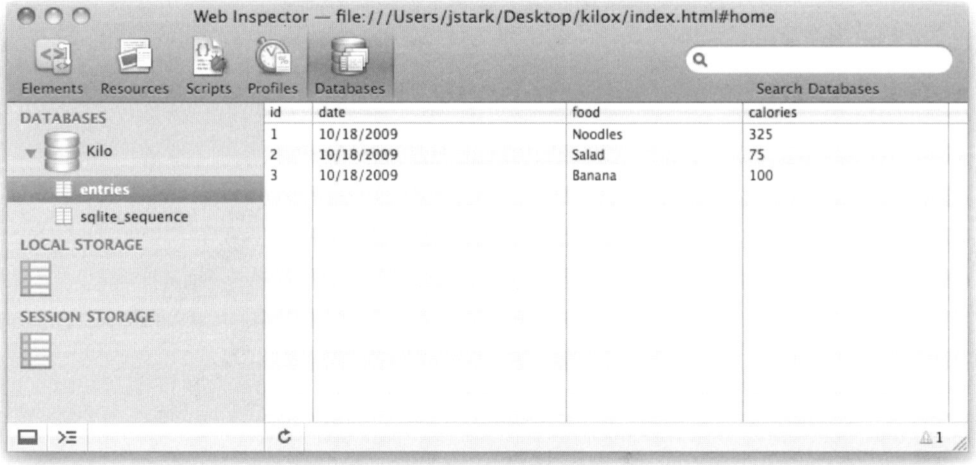

[그림 5-4] Safari의 Web Inspector에 몇 개의 테스트 레코드를 보이고 있다.

행 삽입하기

이제 여러 항목들을 수신하도록 database를 설정하기 위해 createEntry() 함수를 만드는 작업을 시작하겠다. 먼저 #createEntry 폼의 submit 이벤트를 오버라이드해야 한다. 즉, kilo.js에 있는 document ready 함수의 submit 이벤트에 createEntry() 함수를 바인딩한다(다음은 추가된 코드 라인과 함께 앞 몇 라인만 보인다).

```javascript
$(document).ready(function(){
    $('#createEntry form').submit(createEntry);
    $('#settings form').submit(saveSettings);
    $('#settings').bind('pageAnimationStart', loadSettings);
    ...
```

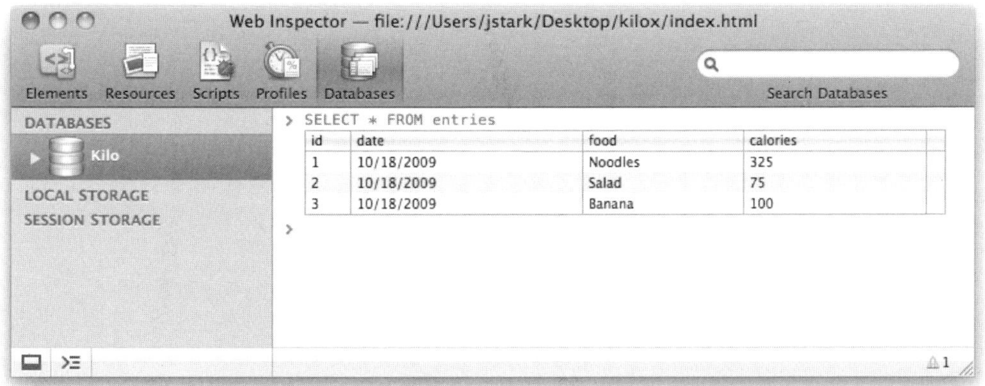

[그림 5-5] Safari's Web Inspector에서 Databases 탭은
database에 대하여 임의의 SQL 문장을 실행시킨다.

사용자가 #createEntry 폼을 submit하면 createEntry() 함수가 호출된다. Database에 레
코드를 생성하기 위해 kilo.js에 다음 코드를 추가하자.

```
function createEntry() {
    var date = sessionStorage.currentDate;❶
    var calories = $('#calories').val();
    var food = $('#food').val();
    db.transaction(❷
        function(transaction) {
            transaction.executeSql(
                'INSERT INTO entries (date, calories, food) VALUES (?, ?, ?);',
                [date, calories, food],
                function(){
                    refreshEntries();
                    jQT.goBack();
                },
                errorHandler
            );
        }
    );
    return false;
}
```

❶ SQL 쿼리에 사용할 몇 개의 변수를 설정한다. 다시 호출하면 사용자가 Dates 패널에서 탭한 날짜는 `sessionStorage.currentDate`에 저장된다. 나머지 두 변수(`calories`와 `food`)는 Settings 폼에서 보았던 것처럼 같은 접근 방식을 사용하여 데이터 값을 얻어온다.

❷ Database 트랜잭션을 열고 `executeSql()` 호출을 실행한다. 이때 `executeSql()` 메서드를 위한 네 개의 파라미터를 전달한다:

`'INSERT INTO entries (date, calories, food) VALUES (?, ?, ?);'`
> 이는 실행될 문장이다. 물음표는 플레이스홀더(자리 표시자)이다.

`[date, calories, food]`
> Database에 전송될 값들의 배열이다. SQL 문장에서 플레이스홀더인 물음표에 대응되는 값이다.

`function(){refreshEntries();jQT.goBack();}`
> 이 익명의 함수는 SQL 쿼리가 성공하면 실행된다.

`errorHandler`
> SQL 쿼리가 실패하면 실행될 함수 이름이다.

Error handling

Entry 삽입이 성공하면 세 번째 파라미터로 전송된 익명의 함수가 실행된다. 이 함수 내부에서는 `refreshEntries()` 함수를 호출한다(그 순간에 Date 패널의 타이틀을 갱신한다. 그리고 곧 생성한 entry들이 리스트에 출력된다). 그리고 New Entry 패널을 사라지게 하고 Date 패널로 복귀하기 위해 jQTouch의 `goBack()` 함수를 호출한다.

Entry 삽입이 실패하면 `errorHandler()` 함수가 실행된다. kilo.js에 다음 코드를 추가한다.

```
function errorHandler(transaction, error) {
    alert('Oops. Error was '+error.message+' (Code '+error.code+')');
    return true;
}
```

에러 핸들러는 두 개의 파라미터가 전송된다. 트랜잭션 객체와 에러 객체이다. 여기서는 던져진 메시지와 에러 코드를 사용자에게 알리기 위해서 에러 객체를 사용하고 있다.

에러 핸들러는 true나 false를 반환해야 한다. 에러 핸들러가 true를 반환할 때(즉, "Yes, this is a fatal error")는 실행이 멈추고 전체 트랜잭션은 롤백(roll back)한다. 에러 핸들러가 false를 반환할 때(즉, "No, this is not a fatal error")는 실행을 계속한다.

어떤 경우에는 true나 false 중 어떤 것을 반환해야 할지 결정하기 위해서 에러 타입에 기초하여 분기하기를 원할 때도 있다. 표 5-1은 W3C의 웹 database 작업 초안 명세에 따른 현재 가능한 오류 코드이다.

[표 5-1] Web database error codes

Constant	Code	Situation
UNKNOWN_ERR	0	트랜잭션 실패. Database 자체와는 무관한 이유이고 다른 오류 코드에 포함되지 않는다.
DATABASE_ERR	1	Statement 실패. 다른 오류 코드에 포함되지 않는다.
VERSION_ERR	2	Operation 실패. 실제 database version이 기대되는 version과 다르기 때문이다. 예를 들어, statement가 실제 database version이 Database나 DatabaseSync 객체의 예상된 version과 더 이상 맞지 않다는 걸 발견하면 Database.changeVersion() 또는 DatabaseSync.changeVersion() 메서드는 실제 database version과 맞지 않는 버전은 그냥 통과한다.
TOO_LARGE_ERR	3	Statement 실패. Database에서 리턴된 데이터가 너무 크기 때문이다. SQL LIMIT modifier로 결과 값의 크기를 줄이는 것을 권한다.
QUOTA_ERR	4	Statement 실패. 남아 있는 저장 공간이 충분하지 않거나 저장 공간 할당량을 초과했는데 database로부터 더 많은 공간 확보에 대한 요청을 거부당했다.
SYNTAX_ERR	5	Statement 실패. Syntax 에러이거나 파라미터의 수가 statement에 있는 플레이스홀더 물음표(?)의 수와 맞지 않는다. 또는 BEGIN, COMMIT, ROLLBACK과 같이 허용되지 않는 statement를 시도했거나 트랜잭션 read-only인 database를 수정하는 문구를 사용하였다.
CONSTRAINT_ERR	6	Constraint 실패로 인해 INSERT, UPDATE, REPLACE statement 실패. 예를 들어 한 행이 삽입될 때 primary key 칼럼의 값이 이미 존재하는 행과 중복될 때 이 오류가 발생한다.
TIMEOUT_ERR	7	Transaction을 위한 lock이 주어진 시간을 초과하였다.

에러 핸들러 함수는 에러 객체와 함께 트랜잭션 객체를 파라미터로 받는다. 에러 핸들러 내부의 SQL 문을 실행시키고자 할 때, 오류에 대한 로그를 남길 때, 디버깅이나 사고보고 목적을 위한 메타데이터를 기록하고자 할 때가 생길 수도 있다. 트랜잭션 객체 파라미터는 다음과 같이 에러 핸들러 내에서 더 많은 executeSql() 호출을 가능하게 한다.

```
function errorHandler(transaction, error) {
  alert('Oops. Error was '+error.message+' (Code '+error.code+')');
  transaction.executeSql('INSERT INTO errors (code, message) VALUES (?, ?);',
                   [error.code, error.message]);
  return false;
}
```

executeSql() 문장을 실행시키고 싶다면 에러 핸들러에서 return false를 해야만 한다는 것에 주의하자. return true를 하거나 아무것도 리턴하지 않는다면 자체 SQL 문장을 포함한 전체 트랜잭션은 roll back하기 때문에 원하는 결과를 얻을 수 없다.

Transaction Callback Handlers

이 책의 예제에서는 그렇게 하지 않았지만, transaction 메서드 자체에 success와 error 핸들러를 지정할 수 있다. 일련의 긴 executeSql() 문장을 완료한 후 실행할 코드의 위치를 지정해 줌으로써 편리성을 제공해 준다.

이상하게, transaction 메서드의 callback을 위한 파라미터는 error, success 순으로 정의된다(executeSql() 함수 파라미터의 역순이다). 다음은 끝에 트랜잭션 callback이 포함된 createEntry() 함수의 버전이다.

```
function createEntry() {
    var date = sessionStorage.currentDate;
    var calories = $('#calories').val();
    var food = $('#food').val();
    db.transaction(
        function(transaction) {
            transaction.executeSql(
                'INSERT INTO entries (date, calories, food) VALUES (?, ?, ?);',
                [date, calories, food],
                function(){
                    refreshEntries();
                    jQT.goBack();
```

```
                },
                errorHandler
            );
        },
        transactionErrorHandler,
        transactionSuccessHandler
    );
    return false;
}
```

행을 select하고 결과 값 핸들링하기

다음 단계는 선택된 날짜를 타이틀 바에 설정하는 것 이상으로 refreshEntries() 함수를 확장하는 것이다. 구체적으로 선택된 날짜에 대한 레코드를 얻기 위해 database를 쿼리할 것이다. 그리고 그때 숨겨진 entryTemplate HTML 구조를 사용하는 #date ul 엘리먼트를 추가한다. Date 패널을 다시 보도록 하자.

```
<div id="date">
    <div class="toolbar">
        <h1>Date</h1>
        <a class="button back" href="#">Back</a>
        <a class="button slideup" href="#createEntry">+</a>
    </div>
    <ul class="edgetoedge">
        <li id="entryTemplate" class="entry" style="display:none">❶
            <span class="label">Label</span>
            <span class="calories">000</span>
            <span class="delete">Delete</span>
        </li>
    </ul>
</div>
```

❶ li의 style 속성을 display:none으로 설정하여 페이지를 볼 수 없도록 하였다. 이렇게 하면 HTML의 일부를 database 행의 템플릿으로 사용할 수 있다.

다음 코드는 완성된 refreshEntries() 함수이다. 기존의 refreshEntries() 함수를 대신하여 사용해야 한다.

```javascript
function refreshEntries() {
    var currentDate = sessionStorage.currentDate;❶
    $('#date h1').text(currentDate);
    $('#date ul li:gt(0)').remove();❷
    db.transaction(❸
        function(transaction) {
            transaction.executeSql(
                'SELECT * FROM entries WHERE date = ? ORDER BY food;',❹
                [currentDate],❺
                function (transaction, result) {❻
                    for (var i=0; i < result.rows.length; i++) {
                        var row = result.rows.item(i);❼
                        var newEntryRow = $('#entryTemplate').clone();❽
                        newEntryRow.removeAttr('id');
                        newEntryRow.removeAttr('style');
                        newEntryRow.data('entryId', row.id);❾
                        newEntryRow.appendTo('#date ul');❿
                        newEntryRow.find('.label').text(row.food);
                        newEntryRow.find('.calories').text(row.calories);
                    }
                },
                errorHandler
            );
        }
    );
}
```

❶ 이 두 라인은 Date 패널의 toolbar 타이틀을 sessionStorage에 저장된 currentDate 값으로 설정한다.

❷ 이 라인에서는 jQuery의 인덱스가 0보다 큰 li 엘리먼트를 select한 후 remove하기 위해 gt() 함수(gt는 "greater than"의 약자이다)를 사용하고 있다. 처음에는 id가 entryTemplate이고 인덱스가 0인 하나의 li 밖에 없기 때문에 아무것도 하지 않는다. 그러나 그 이후의 페이지 방문에서는 database에서 행을 다시 추가하기 전에 부가적인 li들을 제거할 필요가 있다. 그렇지 않으면 item들이 목록에 여러 번 나타난다.

❸ 이 세 라인에서는 database 트랜잭션과 executeSql 문을 설정한다.

❹ 이 라인은 executeSql 문을 위한 첫 번째 파라미터를 가지고 있다. 데이터 플레이스홀더로 물음표(?)를 사용하는 간단한 SELECT문이다.

❺ 현재 선택된 날짜를 포함하고 있는 엘리먼트가 하나인 배열이다. 이것은 SQL 쿼리에서 물음표를 대체한다. 물음표 주변에 인용부호를 사용하지 않는다는 것을 유의하자- escaping과 데이터의 인용은 자동으로 조절된다.

❻ 이 익명의 함수는 성공적인 쿼리의 이벤트에서 호출한다. 이 함수는 두 개의 파라미터를 받는다 : transaction과 result.

transaction 객체는 새로운 쿼리를 database에 전송하기 위해 success 핸들러 내부에서 사용될 수 있다. error 핸들러는 앞에서 보았다. 그러나 여기에서는 필요하지 않기 때문에 사용하지 않을 것이다.

우리가 가장 관심을 갖는 result 객체이다. 이 객체는 세 개의 읽기 전용 속성을 가지고 있다: rowsAffected-insert, update, delete 쿼리에 의해 영향을 받은 행의 수를 결정하는 데 사용될 수 있다. insertId-insert 연산에서 생성된 마지막 행의 primary 키를 리턴한다. rows-검색된 레코드를 가지고 있다.

rows 객체는 0개 이상의 row 객체를 포함하게 된다. 그리고 다음 라인의 for 루프에서 사용하는 length 속성을 가지고 있다.

❼ 이 라인에서는 row 변수에 현재 행의 값을 설정하기 위해 rows 객체의 item() 메서드를 사용한다.

❽ clone()는 템플릿 li를 그대로 복제하는 메서드이다. 다음 두 라인은 복제된 템플릿의 id 와 style 속성을 제거한다. style의 제거는 행을 볼 수 있게 만든다. id를 제거하는 것은 매우 중요하다. id를 제거하지 않으면 그 페이지에 똑같은 id를 가진 중복된 item들을 갖 기 때문이다.

❾ 이 라인에서는 row의 id 속성을 li 자체에 데이터로 저장한다(나중에 entry를 삭제하려고 할 때 필요하다).

❿ li 엘리먼트를 부모인 ul에 추가한다. 다음 두 라인에서는 li의 자식 엘리먼트인 label과 calories span을 row 객체의 대응되는 데이터로 갱신한다.

그 밖의 나머지에서 Date 패널은 선택된 날짜에 대응하는 database에 있는 각 행을 li에 보 여줄 것이다. 각 행은 label, calories, 하나의 Delete 버튼을 갖도록 할 예정이다. 일단 몇

개의 행을 생성하고 이 행들을 보기 좋게 디자인하기 위해서 CSS에 약간의 코드를 추가할 필요가 있다(그림 5-6).

다음 CSS를 kilo.css 파일에 저장한다.

```css
#date ul li {
    position: relative;
}
#date ul li span {
    color: #FFFFFF;
    text-shadow: rgba(0,0,0,.7) 0 1px 2px;
}
#date ul li .delete {
    position: absolute;
    top: 5px;
    right: 6px;
    font-size: 12px;
    line-height: 30px;
    padding: 0 3px;
    border-width: 0 5px;
    -webkit-border-image: url(themes/jqt/img/button.png) 0 5 0 5;
}
```

index.html의 head 섹션에 다음 코드를 추가하여 kilo.css를 연결한다.

```html
<link type="text/css" rel="stylesheet" media="screen" href="kilo.css">
```

Delete 버튼이 지금은 버튼처럼 보이지만 탭되어도 아무 동작을 하지 않는다(그림 5-7). 왜냐하면 Delete 버튼을 span 태그를 이용하여 설정하였고 이 span 태그는 HTML 페이지에서 상호작용 엘리먼트가 아니기 때문이다.

[그림 5-6] Entry들을 보이고 있다. 그러나 CSS로 보기 좋게 디자인할 필요가 있다.

[그림 5-7] CSS가 적용된 entry

행 삭제하기

Delete 버튼을 클릭했을 때 어떤 동작을 하도록 하기 위해서 jQuery를 이용하여 버튼과 클릭 이벤트 핸들러를 바인딩하는 것이 필요하다. 앞에서 jQuery의 click() 메소드를 이용하여 Date 패널에 있는 아이템에 같은 작업을 했었다.

공교롭게도, 이러한 접근은 이 경우에는 잘 동작하지 않는다. Dates 패널에 있는 아이템들과는 달리 Date 패널에 있는 entry들은 static이 아니다—이 entry들은 사용자에 의해 추가되었다가 삭제되었다. 사실, 애플리케이션이 시작될 때 Date 패널에는 보이는 entry가 전혀 없기 때문에 클릭을 바인딩할 수 있는 것이 아무것도 없게 된다.

방법은, Delete 버튼을 refreshEntries() 함수로 생성하여 이 버튼에 클릭 이벤트를 바인딩하는 것이다. 이를 위해 for 루프의 끝에 다음 코드를 추가한다.

```
newEntryRow.find('.delete').click(function(){❶
    var clickedEntry = $(this).parent();❷
    var clickedEntryId = clickedEntry.data('entryId');❸
    deleteEntryById(clickedEntryId);❹
    clickedEntry.slideUp();
});
```

❶ 이 함수는 #date .delete 셀렉터에 대응하는 엘리먼트를 찾아 그 엘리먼트의 click() 메서드를 호출하는 것으로 시작한다. 이 click() 메서드는 익명의 함수를 파라미터로 받는다. 그리고 이 익명의 함수는 유일한 파라미터로 이벤트를 핸들링 하는 데 사용된다.

❷ 클릭 핸들러가 시작될 때 Delete 버튼의 부모(즉, li)는 clickedEntry 변수에 저장된다.

❸ 이 라인에서는 clickedEntryId 변수에 entryId의 값을 대입한다. 이 entryId는 refreshEntries() 함수에 의해 생성될 때 li 엘리먼트에 저장되었다.

❹ 이 라인에서는 deleteEntryById() 함수에 클릭된 id를 전달한다. 그리고 다음 라인에서는 페이지에서 li를 보다 우아하게 제거하기 위해 jQuery의 slideUp() 메서드를 사용한다.

> 개발자 가운데 JavaScript 전문가들은 delete 핸들러를 Delete 버튼에 바인딩시킬 때 jQuery 의 `live()` 함수를 사용하지 않은 것에 대해 의아하게 생각할지도 모른다. 유감스럽게도 `live()` 함수는 아이폰에서 `click`과 함께 동작하지 않는다. 왜냐하면 `click`은 DOM을 번영시키는 이벤트가 아니기 때문이다. jQuery의 `live()` 함수에 대한 더 많은 정보를 원한다면 다음 사이트를 참조하기 바란다. http://docs.jquery.com/Events/live#typefn.

Database에서 entry를 제거하기 위해 kilo.js에 다음 `deleteEntryById()` 함수를 추가한다.

```javascript
function deleteEntryById(id) {
    db.transaction(
        function(transaction) {
            transaction.executeSql('DELETE FROM entries WHERE id=?;',
              [id], null, errorHandler);
        }
    );
}
```

이전 예제에서 보았던 것처럼, 트랜잭션을 열어 callback 함수를 파라미터로 전달한다. 이 callback 함수는 파라미터로 트랜잭션 객체를 가지고 있고 함수 안에서 `executeSql()` 메서드를 호출한다. `executeSql()` 메서드는 처음 두 파리미터로 SQL 쿼리문과 클릭된 레코드의 id를 전달한다. 세 번째 파라미터는 success 핸들러인데 이 예제에서는 필요 없기 때문에 `null`을 지정하였다. 네 번째 파라미터는 앞에서 계속 사용했던 기본 error 핸들러를 지정하였다.

여기까지 설명하는 데 많은 시간이 걸렸다고 할 수 있다. 그러나 결코 코드가 많지는 않다. 사실 완성된 kilo.js 파일(예제 5-1)은 단지 JavaScript 108 라인이다.

예제 5-1 Kilo database와의 상호작용을 위한 완성된 JavaScript이다.

```javascript
var jQT = $.jQTouch({
    icon: 'kilo.png',
    statusBar: 'black'
});
var db;
$(document).ready(function(){
    $('#createEntry form').submit(createEntry);
    $('#settings form').submit(saveSettings);
```

```javascript
        $('#settings').bind('pageAnimationStart', loadSettings);
        $('#dates li a').click(function(){
            var dayOffset = this.id;
            var date = new Date();
            date.setDate(date.getDate() - dayOffset);
            sessionStorage.currentDate = date.getMonth() + 1 + '/' +
                                         date.getDate() + '/' +
                                         date.getFullYear();
            refreshEntries();
        });
        var shortName = 'Kilo';
        var version = '1.0';
        var displayName = 'Kilo';
        var maxSize = 65536;
        db = openDatabase(shortName, version, displayName, maxSize);
        db.transaction(
            function(transaction) {
                transaction.executeSql(
                    'CREATE TABLE IF NOT EXISTS entries ' +
                    '   (id INTEGER NOT NULL PRIMARY KEY AUTOINCREMENT, ' +
                    '   date DATE NOT NULL, food TEXT NOT NULL, ' +
                    '   calories INTEGER NOT NULL);'
                );
            }
        );
    });
    function loadSettings() {
        $('#age').val(localStorage.age);
        $('#budget').val(localStorage.budget);
        $('#weight').val(localStorage.weight);
    }
    function saveSettings() {
        localStorage.age = $('#age').val();
        localStorage.budget = $('#budget').val();
        localStorage.weight = $('#weight').val();
        jQT.goBack();
        return false;
    }
    function createEntry() {
        var date = sessionStorage.currentDate;
        var calories = $('#calories').val();
        var food = $('#food').val();
```

```javascript
        db.transaction(
            function(transaction) {
                transaction.executeSql(
                    'INSERT INTO entries (date, calories, food) VALUES (?, ?, ?);',
                    [date, calories, food],
                    function(){
                        refreshEntries();
                        jQT.goBack();
                    },
                    errorHandler
                );
            }
        );
        return false;
    }
    function refreshEntries() {
        var currentDate = sessionStorage.currentDate;
        $('#date h1').text(currentDate);
        $('#date ul li:gt(0)').remove();
        db.transaction(
            function(transaction) {
                transaction.executeSql(
                    'SELECT * FROM entries WHERE date = ? ORDER BY food;',
                    [currentDate],
                    function (transaction, result) {
                        for (var i=0; i < result.rows.length; i++) {
                            var row = result.rows.item(i);
                            var newEntryRow = $('#entryTemplate').clone();
                            newEntryRow.removeAttr('id');
                            newEntryRow.removeAttr('style');
                            newEntryRow.data('entryId', row.id);
                            newEntryRow.appendTo('#date ul');
                            newEntryRow.find('.label').text(row.food);
                            newEntryRow.find('.calories').text(row.calories);
                            newEntryRow.find('.delete').click(function(){
                                var clickedEntry = $(this).parent();
                                var clickedEntryId = clickedEntry.data('entryId');
                                deleteEntryById(clickedEntryId);
                                clickedEntry.slideUp();
                            });
                        }
                    },
```

```
                    errorHandler
                );
            }
        );
}
function deleteEntryById(id) {
    db.transaction(
        function(transaction) {
            transaction.executeSql('DELETE FROM entries WHERE id=?;',
                [id], null, errorHandler);
            }
        );
}
function errorHandler(transaction, error) {
    alert('Oops. Error was '+error.message+' (Code '+error.code+')');
    return true;
}
```

이 장을 마치며

이 장에서는 클라이언트에 사용자 데이터를 저장하기 위한 두 가지 방법을 배웠다: key/value 기억장치와 client-side SQL database이다. 특히 Client-side database는 웹 기반 애플리케이션 개발자에게는 많은 가능성을 제공해준다.

오프라인 모드에서 예제 애플리케이션을 실행시키지 못하는 유일한 이유는 애플리케이션이 실행될 때마다 HTML과 관련 소스를 다운로드 받기 위해 웹 서버에 먼저 접속해야 하기 때문이다. 장치에 국부적으로 모든 관련된 것들을 저장할 수 있다면 오프라인 모드에서도 애플리케이션 실행이 가능하지 않을까?

다음 장에서 그것을 하고자 한다.

iPhone Apps with HTML, CSS, and JavaScript

HTML5의 기능 중 offline application cache라는 것이 있다. 이것은 인터넷에 연결되어 있지 않을 때에도 사용자가 웹 애플리케이션을 실행시킬 수 있도록 하며 다음과 같이 작동한다 : 사용자가 웹 애플리케이션을 탐색할 때 브라우저는 화면에 보여주기 위해 필요한 모든 파일 (HTML, CSS, JavaScript, images 등)들을 다운로드 받아서 저장한다. 사용자가 그 웹 애플리케이션을 다음에 재탐색할 때에는 브라우저가 네트워크에서 같은 파일들을 또다시 다운로드 받지 않고 URL을 기억하여 로컬 애플리케이션 cache에 있는 파일들을 제공한다.

Offline Application Cache의 기본

Offline application cache의 주요 구성요소는 웹 서버에 제공하는 cache manifest file이다. 여기에 포함된 개념을 설명하기 위해 간단한 예세를 시용 하겠다. 그리고 지금까지 작업 해온 Kilo 예제에 우리가 배운 것을 적용하는 방법을 보여줄 것이다.

manifest file은 웹 서버에 있는 간단한 텍스트 문서이다. 그리고 이 파일은 cache-manifest content type으로 사용자 디바이스에 전송된다. manifest는 사용자 디바이스가 동작하기 위해 다운로드 받아서 저장해야 할 파일의 리스트를 포함하고 있다. 다음 파일들을 포함하고 있는 웹 디렉터리를 고려해보자.

```
index.html
logo.jpg
scripts/demo.js
styles/screen.css
```

이 경우에 index.html은 사용자가 애플리케이션을 방문할 때 브라우저에 로드할 페이지이다. 다른 파일들은 index.html 내에서 참조된다. Offline 상태에서 모든 것을 가능하도록 하기 위해 index.html과 같은 디렉터리에 demo.manifest라는 파일을 생성하다. 다음은 추가된 파일을 보여주고 있는 디렉터리 리스트이다.

```
demo.manifest
index.html
logo.jpg
scripts/demo.js
styles/screen.css
```

이번에는 demo.manifest 파일에 다음 라인들을 추가한다.

```
CACHE MANIFEST
index.html
logo.jpg
scripts/demo.js
styles/screen.css
```

manifest에 있는 경로는 manifest 파일이 있는 위치를 기준으로 한 상대 경로이다. 다음과 같이 절대 URL을 사용할 수도 있다.

```
CACHE MANIFEST
http://www.example.com/index.html
http://www.example.com/logo.jpg
```

```
http://www.example.com/scripts/demo.js
http://www.example.com/styles/screen.css
```

manifest 파일이 생성되었다면 `index.html` 내의 HTML 태그에 manifest 속성을 추가하여 이 파일에 연결하는 것이 필요하다.

```
<html manifest="demo.manifest">
```

manifest 파일은 `text/cache-manifest content type`으로 제공되어야 한다. 그렇지 않으면 브라우저는 이 파일을 인식하지 못한다. 만약 Apache web server나 호환성 있는 web server를 사용하고 있다면 웹 디렉터리에 .htaccess 파일을 생성하여 다음 코드를 추가한다.

```
AddType text/cache-manifest .manifest
```

.htaccess 파일이 제대로 동작하지 않으면 웹 서버 도큐먼트에서 MIME type 부분을 참조하기 바란다. 파일 확장자 .manifest와 MIME type `text/cache-manifest`를 결합시켜야 한다. 웹 사이트가 웹 호스팅 제공자에 의해 제공된다면 제공자는 적절한 MIME type을 추가할 수 있는 웹 사이트를 위한 제어 패널을 가지고 있을 수 있다. 이 장의 뒷부분에서 .htaccess 파일 대신에 PHP script를 사용하는 예제를 살펴보겠다.

Mac OS X와 .htaccess 파일

만약 여러분이 로컬 네트워크에 Mac OS X와 함께 포함되어 있는 Apache web server를 사용하여 웹 페이지를 제공한다면 여러분의 개인 웹 폴더(여러분의 홈 디렉터리에 있는 Sites 폴더)에 있는 .htaccess 파일은 무시될 것이다. 그러나 Applications→Utilities→Terminal을 열어서 다음 명령을 기입하면 .htaccess 파일에 대한 지원이 가능해진다(프롬프트가 뜨면 패스워드를 입력해야 한다).

```
cd /etc/apache2/users
sudo pico $USER.conf
```

위 코드는 여러분의 개인 Apache 환경 파일을 Pico 에디터에 로드한다. (화면의 아래에 있는 에디터 명령의 목록을 볼 수 있다. ^ 부호는 Control 키를 나타낸다.) 방향키를 이용하여 `AllowOverride None` 라인까지 아래로 이동한 후 None을 All로 바꾼다. 다음은 종료하기 위해 Control-X를 누르고, 변경을 저장하기 위해 Y로 답한다. 그리고 파일을 저장하기 위해 Return 키를 누른다. 그리고 난 후 System Preferences를 시작하여 Sharing로 이동한다. 필요하다면 "Click the lock to make changes"라고 쓰여 있는 lock icon을 클릭하고 프롬프트가 뜨면 패스워드를 입력한다. 마지막으로 Web Sharing 옆에 있는 체크박스를 풀었다가 다시 체크

한다(이렇게 하면 Web Sharing을 다시 시작한다). 여러분의 Mac에 있는 웹 서버는 여러분의 Sites 디렉터리나 이의 서브디렉터리에 저장한 .htaccess 파일에 대한 설정을 바로 적용하게 된다.

Offline application cache는 지금의 명령대로 동작하고 있다. 다음 번에 사용자가 http://example.com/index.html을 탐색할 때 그 페이지와 페이지의 관련 리소스는 일반적으로 네트워크를 통해 로드할 것이다. Background에서는 manifest에 목록처리된 모든 파일들을 사용자 로컬 디스크(또는 아이폰의 플래시 메모리)에서 다운로드 받을 것이다. 일단 다운로드가 완료되고 사용자가 페이지를 리프레시하면 단지 로컬 파일들만 접근할 것이다. 인터넷에 연결되지 않은 상태에서 웹 애플리케이션에 계속 접근할 수 있게 된다.

사용자가 디스크나 아이폰 플래시 메모리에 다운로드 받은 파일에 로컬로 접근할 때 새로운 문제점을 가지고 있다: 웹 사이트에 변화가 생겼을 때 그것을 어떻게 반영하는가?

사용자가 인터넷에 접속하여 웹 애플리케이션을 탐색할 때 브라우저는 사이트에 있는 manifest 파일이 여전히 로컬 복사본과 같은지를 체크한다. 사이트의 manifest가 변경되었다면 브라우저는 manifest 목록에 있는 모든 파일들을 다운로드 받는다. 이 파일들은 background 상태에서 임시 캐시에 다운로드된다.

로컬 manifest와 사이트에 있는 manifest 사이의 비교는 파일 내용(comment와 blank 라인 포함)의 byte별 비교이다. 변화가 생겼는지의 여부를 결정할 때 파일 수정 timestamp와 어느 리소스 자체에 대한 변경은 무관하다.

다운로드 받는 동안 이상이 생기면 불완전한 다운로드 캐시는 자동적으로 버려지고 사실상 이전 것을 남겨둔다. 다운로드를 성공하면 새로운 로컬 파일은 사용자가 다음번에 애플리케이션을 시작할 때 사용된다.

Application cache 다운로드 동작

manifest가 업데이트될 때 새 파일들의 다운로드는 애플리케이션을 처음 시작한 후 background 상태에서 일어난다. 이는 다운로드가 완성된 후에도 사용자는 여전히 예전 파일을 가지고 동작하고 있다는 것을 의미한다. 다시 말하면 현재 로드된 페이지와 그와 관련된 모든 파일들은 다운로드가 완성되었을 때 자동으로 다시 로드되지 않는다. background 상태에서 다운로드 된 새로운 파일들은 사용자가 애플리케이션을 다시 시작할 때까지 볼 수 없게 된다.

이는 표준 데스크톱 애플리케이션의 업데이트 동작과 매우 유사하다. 애플리케이션을 시작하는 것은 업데이트가 가능하다는 것을 말한다. 다운로드 업데이트를 클릭하여 다운로드가 완성되면 업데이트된 것을 적용하기 위해 애플리케이션을 다시 시작하도록 요구된다.

Online Whitelist와 Fallback 옵션

브라우저가 항상 네트워크를 통해 특정한 리소스들에 접근하도록 할 수 있다. 이 의미는 브라우저는 이 리소스들을 로컬로 저장할 수 없고 사용자가 offline일 때에는 사용할 수 없다는 것을 말한다. online 상태에서만 자원을 지정하기 위해서는 manifest 파일에 NETWORK: 키워드(:를 반드시 사용)를 사용한다. 사용 예는 다음과 같다.

```
CACHE MANIFEST
index.html
scripts/demo.js
styles/screen.css

NETWORK:
logo.jpg
```

manifest 파일의 NETWORK 섹션으로 이동하여 logo.jpg를 허용했다. 사용자가 offline 상태일 때 이미지는 깨진 상태로 보이게 된다(그림 6-1). Online 상태일 때는 일반적인 상태로 나타난다(그림 6-2).

[그림 6-1] 사용자가 offline 상태일 때 이미지가 깨진 상태의 링크로 보인다.

Offline 상태의 유저가 깨진 이미지를 보는 것을 원하지 않는다면 대체 리소스를 지정하기 위해 FALLBACK 키워드를 사용할 수 있다. 사용 예는 다음과 같다.

```
CACHE MANIFEST
index.html
scripts/demo.js
styles/screen.css

FALLBACK:
logo.jpg offline.jpg
```

사용자가 offline 상태일 때는 offline.jpg를 볼 수 있고(그림 6-3), online 상태일 때는 logo.jpg를 볼 수 있다(그림 6-4).

이는 부분 경로를 사용하는 여러 리소스들에 대해 하나의 대체 이미지를 지정하고자 할 때 더욱 유용하다. 웹 사이트에 images 디렉터리를 추가하고 이 디렉터리에 여러 파일들을 넣어 놓도록 하자.

[그림 6-2] 사용자가 online 상태일 때 허용된 이미지는 정상적으로 보인다.

```
/demo.manifest
/index.html
/images/logo.jpg
/images/logo2.jpg
/images/offline.jpg
/scripts/demo.js
/styles/screen.css
```

브라우저가 images 디렉터리에 포함된 파일을 offline.jpg로 대체하도록 설정할 수 있다. 예
는 다음과 같다.

```
CACHE MANIFEST
index.html
scripts/demo.js
styles/screen.css

FALLBACK:
images/ images/offline.jpg
```

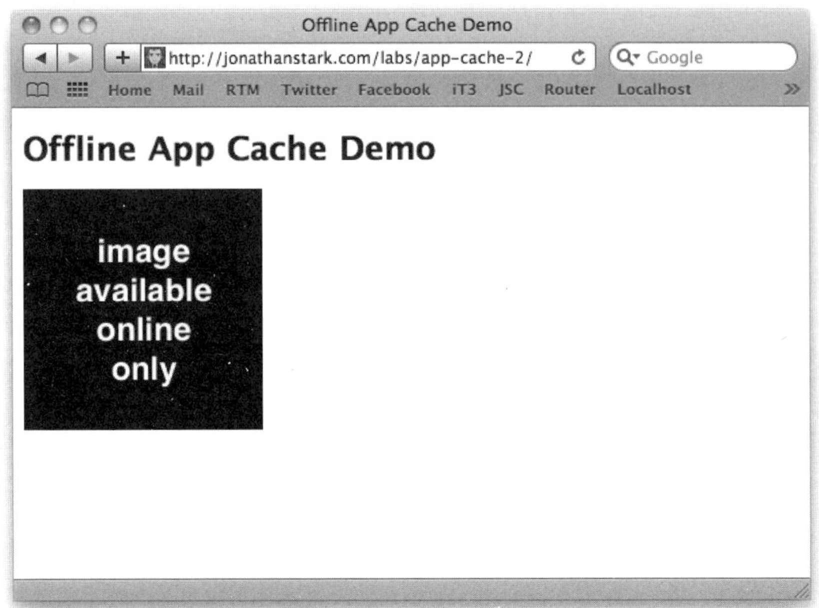

[그림 6-3] 사용자가 offline 상태일 때 대체 이미지가 보인다.

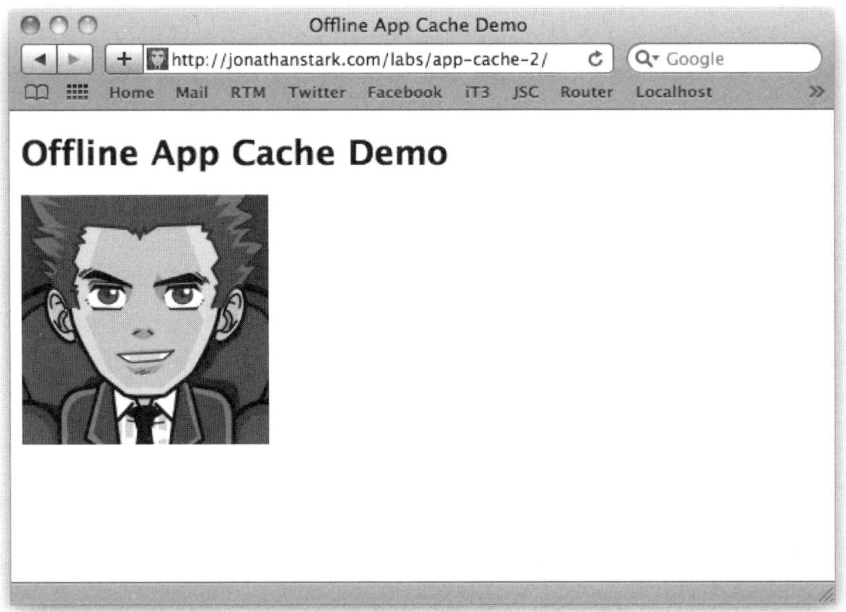

[그림 6-4] 사용자가 online 상태일 때 제공된 이미지가 일반적으로 보인다.

사용자가 offline 상태일 때는 offline.jpg를 볼 수 있고(그림 6-5) online 상태일 때는
logo.jpg와 logo2.jpg를 볼 수 있다(그림 6-6).

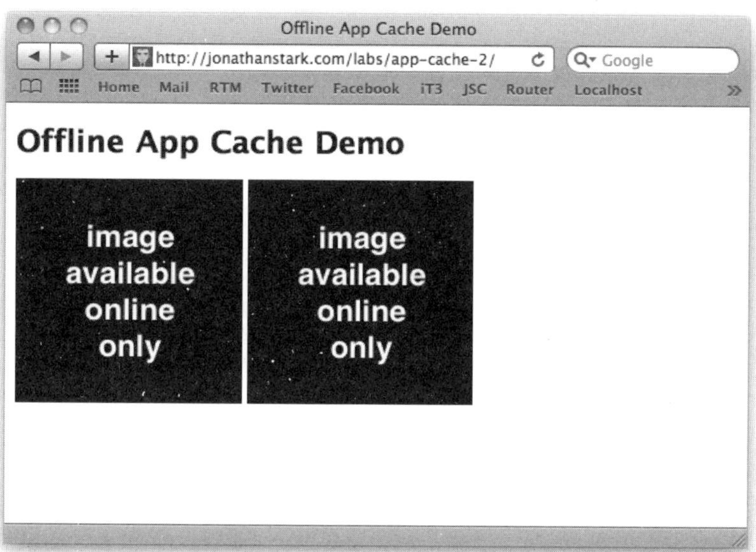

[그림 6-5] 사용자가 offline 상태일 때 여러 이미지를 대신해서 하나의 대체 이미지가 보인다.

[그림 6-6] 사용자가 online 상태일 때 일반적으로 제공되는 이미지가 보인다.

리소스를 manifest 파일의 NETWORK 섹션에 저장할지 FALLBACK 섹션에 저장할지는 애플리케이션의 특성에 달려있다. Offline application cache는 주로 로컬 장치에 애플리케이션을 저장하기 위한 것이라는 것에 유의하자. 서버 부하를 감소하고 성능을 향상하는 등에 진정한 의미가 있는 것이 아니다.

대부분의 경우에 manifest 파일에는 애플리케이션 실행에 요구되는 모든 파일 목록이 있다. 만약 여러분이 많은 양의 동적 내용을 가지고 있고 manifest 파일에서 그것들을 어떻게 참조할 지에 대한 확신이 없다면 여러분의 애플리케이션은 아마도 offline application cache에 적합하지 않아서 다른 접근방법을 고려해봐야 할지도 모른다(client-side database일 수도 있다).

동적 Manifest 파일 생성하기

Offline application cache가 어떻게 동작하는지에 대해 알아보기 위해 우리가 지금까지 작업해 온 Kilo 예제에 적용해 보겠다. Kilo는 꽤 많은 파일로 구성되어 있다. 그리고 manifest 파일에 그 모든 파일 목록을 수동으로 기입하는 것은 매우 수고스러운 일이다. 게다가 하나의 오타는 manifest 파일 전체를 무효화시키고 애플리케이션이 offline 상태에서 동작하지 못하도록 방해할 것이다.

Web Server에서 PHP Script 실행시키기

PHP는 다목적의 web scripting 언어이고 대부분의 웹 호스팅 제공자는 이를 지원한다. 이는 대부분의 웹 서버에서 확장자가 .php인 파일을 만들 수 있고 그 파일에 PHP 코드를 추가하여 웹 브라우저에서 그것을 실행시킬 수 있다는 것을 의미한다. 아이폰에 페이지들을 제공하기 위해 개인 컴퓨터에 웹 서버를 사용한다면 PHP script를 실행시키기 위한 설정 작업이 필요하다. 윈도우에서 웹 서버를 실행한다면 다운로드나 정보를 얻기 위해 http://php.net/manual/en/install.windows.php를 참고하기 바란다. PHP는 Linux에서 인스톨하는 것은 쉽다(예를 들어 Ubuntu 사용자는 쉘 프롬프트에서 간단하게 `sudo aptitude install apache2 php5`를 타이핑하면 된다).

Mac에는 PHP가 인스톨되어 있다. 그러나 사용 가능하게 하기 위해서는 몇 단계가 필요하다. "Mac OS X과 .htaccess 파일"에서 했던 작업과 유사하게 Applications→Utilities→Terminal을 열어 다음 명령을 타이핑한다(프롬프트가 떴을 때 비밀번호를 입력한다).

```
cd /etc/apache2
sudo pico httpd.conf
```

다음으로 Control-W 키를 누르면 파일을 찾는 옵션이 나타난다. "php5"를 입력하고 Return 키를 누른다. 그러면 다음과 같은 라인이 보인다.

```
#LoadModule php5_module            libexec/apache2/libphp5.so
```

화살표 키를 이용하여 라인의 처음으로 커서를 이동한 후 # 문자를 지운다. 이렇게 하면 이 라인은 아무 효력도 발생시키지 못한다. 다음은 종료하기 위해 Control-X를 누르고, 변경을 저장하기 위해 Y로 답한다. 그리고 파일을 저장하기 위해 Return 키를 누른다. 그리고 난 후 System Preferences를 시작하여 Sharing로 이동한다. 필요하다면 "Click the lock to make changes"라고 쓰여 있는 lock icon을 클릭하고 프롬프트가 뜨면 패스워드를 입력한다. 그리고 Web Sharing 옆에 있는 체크박스를 풀었다가 다시 체크한다. 이제는 Mac의 웹 서버에서 PHP 사용이 가능하다.

다음은 홈 폴더의 Sites 서브디렉터리에 test.php파일을 생성하여 다음 내용을 입력한다.

```
<?php
  phpinfo();
?>
```

마지막으로 브라우저에서 다음 URL을 방문해보자: http://localhost/~YOURUSERNAME/test.php. YOURUSERNAME을 여러분의 username으로 바꾼다. 단, ~를 지우면 안 된다. (여러분의 username은 Terminal에서 echo $USER를 입력하고 Return 키를 누르면 찾을 수 있다.) PHP가 작동을 하면 PHP 버전 번호와 PHP 인스톨과 관련된 많은 다른 정보들을 보여주는 테이블을 볼 수 있다. PHP가 작동을 하지 않으면 아무것도 없는 빈 페이지가 나타난다. http://www.php.net/support.php에 방문하면 자료에 대한 소스와 PHP 사용에 대한 도움을 받을 수 있다.

이 문제를 해결하기 위해서 애플리케이션 디렉터리(서브디렉터리도 포함)의 내용을 읽는 PHP 파일을 작성하고 파일 목록을 생성해보겠다. Kilo 디렉터리에 manifest.php 파일을 만들어 다음 코드를 기입한다.

```
<?php
  header('Content-Type: text/cache-manifest');❶
  echo "CACHE MANIFEST\n";❷

  $dir = new RecursiveDirectoryIterator(".");❸
  foreach(new RecursiveIteratorIterator($dir) as $file) {❹
    if ($file->IsFile() &&❺
```

```php
        $file != "./manifest.php" &&
        substr($file->getFilename(), 0, 1) != ".")
    {
      echo $file . "\n";❻
    }
  }
?>
```

❶ 파일을 cache-manifest 콘텐트 타입으로 출력하기 위해 PHP header 함수를 사용한다. 이는 manifest 파일의 콘텐트 타입을 지정하는데 .htaccess 파일을 사용하는 대신 추가한 코드이다. 사실, "Offline Application Cache의 기본" 섹션에서 생성한 .htaccess 파일은 다른 목적으로 더 이상 사용되지 않는다면 삭제해도 된다.

❷ 이 장의 앞에서 보았던 것처럼 cache manifest 파일의 첫 라인은 CACHE MANIFEST이다. 브라우저가 연결되어 있는 한 이 코드가 문서의 첫 라인이다; PHP 파일은 웹 서버에서 실행되고 브라우저는 마치 에코와 같이 원본을 방출하는 명령의 산출만 출력한다.

❸ 이 라인에서는 $dir라는 객체를 생성한다. 이 객체는 현 디렉터리에 모든 파일을 열거한다. 또한 이 객체는 계속 재귀적이다. 이는 서브디렉터리에 파일이 있다면 이들도 역시 계속 찾을 것이라는 의미이다.

❹ 프로그램이 이 루프를 통과할 때마다 현 디렉터리에 있는 파일들 중 하나를 나타내는 객체를 변수 $file에 대입한다. 이 라인을 그대로 읽으면 : "통과할 때마다, file 변수에 현 디렉터리 또는 서브디렉터리에서 찾은 다음 파일을 대입한다."

❺ if 문은 파일이 실제로 파일(디렉터리나 연결표시가 아닌지)이 확실한지를 체크한다. 이는 manifest.php 파일과 .htaccess와 같이 . 으로 시작하는 파일은 무시한다.

앞에 붙는 ./는 파일의 전체 경로의 일부이다; . 은 현재 디렉터리를 의미하고 / 는 파일 경로의 엘리먼트를 분리한다. 그래서 출력에는 파일명 앞에 항상 ./가 붙는다. 그러나 저자는 파일명에서 앞에 붙는 . 을 체크할 때마다 getFilename 함수를 사용한다. 이 함수는 앞에 경로를 붙이지 않은 파일명만을 리턴한다. 이런 방법으로 파일들이 서브디렉터리에 있더라도 . 으로 시작하는 파일을 찾아낼 수 있다.

❻ 각 파일명을 보여주는 코드이다.

브라우저에서 manifest.php 파일은 다음과 같이 보인다.

```
CACHE MANIFEST
./index.html
./jqtouch/jqtouch.css
./jqtouch/jqtouch.js
./jqtouch/jqtouch.transitions.js
./jqtouch/jquery.js
./kilo.css
./kilo.js
./themes/apple/img/backButton.png
./themes/apple/img/blueButton.png
./themes/apple/img/cancel.png
./themes/apple/img/chevron.png
./themes/apple/img/grayButton.png
./themes/apple/img/listArrowSel.png
./themes/apple/img/listGroup.png
./themes/apple/img/loading.gif
./themes/apple/img/on_off.png
./themes/apple/img/pinstripes.png
./themes/apple/img/selection.png
./themes/apple/img/thumb.png
./themes/apple/img/toggle.png
./themes/apple/img/toggleOn.png
./themes/apple/img/toolbar.png
./themes/apple/img/toolButton.png
./themes/apple/img/whiteButton.png
./themes/apple/theme.css
./themes/jqt/img/back_button.png
./themes/jqt/img/back_button_clicked.png
./themes/jqt/img/button.png
./themes/jqt/img/button_clicked.png
./themes/jqt/img/chevron.png
./themes/jqt/img/chevron_circle.png
./themes/jqt/img/grayButton.png
./themes/jqt/img/loading.gif
./themes/jqt/img/on_off.png
./themes/jqt/img/rowhead.png
./themes/jqt/img/toggle.png
./themes/jqt/img/toggleOn.png
```

```
./themes/jqt/img/toolbar.png
./themes/jqt/img/whiteButton.png
./themes/jqt/theme.css
```

브라우저에서 페이지 로드를 시도해보자(반드시 `http://localhost/~YOURUSERNAME/manifest.php`와 같은 하나의 HTTP URL을 같이 로드한다). 목록에 파일이 너무 많이 있다면 jQTouch 배포판의 일부 관계 없는 파일이 있을 수 있다. 디렉터리 demos와 extensions인 LICENSE.txt, README.txt, sample.htaccess 파일은 삭제해도 무방하다. .svn라는 이름을 포함한 디렉터리가 다수 있다면 비록 Mac OS X Finder에서는 보이지 않지만 그것들은 삭제해도 안전하다(그러나 Terminal 내에서는 그것들을 가지고 작업할 수 있다).

index.html을 열어 다음과 같이 manifest.php에 대한 참조를 추가한다.

```
<html manifest="manifest.php">
```

지금은 manifest 파일이 동적으로 생성된다. 디렉터리에 있는 파일들이 변경되면 manifest의 내용도 바뀔 수 있도록 수정해보도록 하자(클라이언트는 manifest의 내용이 바뀔 때에만 애플리케이션을 다운로드 받는다는 걸 기억하자). 다음은 수정된 manifest.php이다.

```php
<?php
  header('Content-Type: text/cache-manifest');
  echo "CACHE MANIFEST\n";

  $hashes = "";❶

  $dir = new RecursiveDirectoryIterator(".");
  foreach(new RecursiveIteratorIterator($dir) as $file) {
    if ($file->IsFile() &&
        $file != "./manifest.php" &&
        substr($file->getFilename(), 0, 1) != ".")
    {
      echo $file . "\n";
      $hashes .= md5_file($file);❷
    }
  }
  echo "# Hash: " . md5($hashes) . "\n";❸
?>
```

❶ 파일의 hashed 값을 저장할 문자열을 초기화하고 있다.

❷ 이 라인에서는 PHP의 `md5_file` 함수(Message–Digest algorithm 5)를 이용하여 각 파일의 hash를 계산하고 이것을 `$hashes` 문자열 끝에 붙이고 있다. 파일에 변화가 생기면 `md5_file` 함수의 결과도 바뀔 것이다. Hash는 32-character 문자열이다. 예를 들면 "4ac3c9c004cac7785fa6b132b4f18efc"와 같은 형식이다.

❸ 여기는 hashes의 긴 문자열을 가지고 있는 곳이다(각 파일의 32-character 문자열이 모두 연결되어 있다). 그리고 그 문자열 자체의 MD5 hash를 계산하여 코멘트(코멘트 심볼 # 으로 시작한다)로 출력될 짧은 문자열(파일 수×32 대신 32개의 character)을 되돌려 준다.

클라이언트 브라우저 관점에서 이 라인에 대해서는 특별할 것이 없다. 이것은 코멘트이고 클라이언트 브라우저는 이를 무시한다. 그러나 파일들 중 하나가 수정된다면 이 라인은 변경될 것이다. 그것은 manifest가 수정되었다는 것을 의미한다.

다음은 manifest에 변화가 생긴 것처럼 보이는 예제이다(라인의 일부를 생략하였다).

```
        CACHE MANIFEST
./index.html
./jqtouch/jqtouch.css
./jqtouch/jqtouch.js
...
./themes/jqt/img/toolbar.png
./themes/jqt/img/whiteButton.png
./themes/jqt/theme.css
# Hash: ddaf5ebda18991c4a9da16c10f4e474a
```

위 예제의 최종 결과는 전체 디렉터리에서 어느 파일 내의 한 문자를 변경하면 새로운 hash 문자열이 manifest에 삽입된다는 것이다. 이는 우리가 어느 Kilo 관련 파일을 편집하면 반드시 manifest 파일이 수정된다는 것을 의미한다. 이러한 작업이 결국 다음번에 사용자가 애플리케이션을 시작할 때 다운로드를 받도록 한다. 꽤 멋지지 않은가?

Debugging

Offline application cache를 사용하여 애플리케이션을 디버깅하는 것은 쉽지 않다. 왜냐하면 무슨 일이 진행되고 있는 지에 대해 많은 내용을 보여주지 않기 때문이다. 여러분은 파일을 다운로드할 때나 사이트나 로컬의 리소스들을 보고 있을 때 끊임없이 미심쩍어할 것이다. 게다가 online과 offline 모도 사이에 장비를 교환하는 것은 간단하고 분명한 조치가 아니다. 그리고 실제로 개발, 테스트, 디버그 사이클이 늦어질 수 있다.

뭔가가 제대로 작동하지 않을 때 무엇이 진행되고 있는지를 추측하여 결정하는 것을 돕는 두 가지가 있다. JavaScript에 콘솔 로깅을 설정하고 application cache database를 찾는다.

웹 서버 관점에서 무슨 일이 일어나고 있는지 보기를 원한다면 logfile을 모니터할 수 있다. 예를 들어 Mac 컴퓨터에서 웹 서버를 실행시킨다면 Terminal 윈도우를 열어(Applications→Utilities →Terminal) 다음 명령을 실행시킬 수 있다($는 Terminal 쉘 프롬프트이고 입력되는 것이 아니다).

```
$ cd /var/log/apache2/
$ tail -f access_log
```

이것은 문서의 이름뿐 아니라 문서에 접근된 날짜와 시간과 같은 정보를 보여주는 웹 서버의 log 항목들을 표시한다. 위와 같은 작업을 완료했으면 Control-C를 눌러 로그를 종료한다.

JavaScript Console

웹 애플리케이션에 다음과 같은 JavaScript를 추가하면 개발하는 동안 여러분은 훨씬 더 쉬워지고 실제 진행되고 있는 일의 과정을 이해하는 데 도움이 될 것이다. 다음 script는 콘솔에 피드백을 보내고 브라우저 윈도우를 계속해서 리프레시할 필요가 없도록 한다(여러분은 script를 .js 파일에 저장할 수 있다. .js 파일은 HTML 문서가 script 엘리먼트의 src 속성을 경유하여 참조한다).

```
// Convenience array of status values❶
var cacheStatusValues = [];
cacheStatusValues[0] = 'uncached';
cacheStatusValues[1] = 'idle';
```

```
cacheStatusValues[2] = 'checking';
cacheStatusValues[3] = 'downloading';
cacheStatusValues[4] = 'updateready';
cacheStatusValues[5] = 'obsolete';

// Listeners for all possible events❷
var cache = window.applicationCache;
cache.addEventListener('cached', logEvent, false);
cache.addEventListener('checking', logEvent, false);
cache.addEventListener('downloading', logEvent, false);
cache.addEventListener('error', logEvent, false);
cache.addEventListener('noupdate', logEvent, false);
cache.addEventListener('obsolete', logEvent, false);
cache.addEventListener('progress', logEvent, false);
cache.addEventListener('updateready', logEvent, false);

// Log every event to the console
function logEvent(e) {❸
    var online, status, type, message;
    online = (navigator.onLine) ? 'yes' : 'no';
    status = cacheStatusValues[cache.status];
    type = e.type;
    message = 'online: ' + online;
    message+= ', event: ' + type;
    message+= ', status: ' + status;
    if (type == 'error' && navigator.onLine) {
        message+= ' (prolly a syntax error in manifest)';
    }
    console.log(message);❹
}

// Swap in newly downloaded files when update is ready
window.applicationCache.addEventListener(
    'updateready',
    function(){
        window.applicationCache.swapCache();
        console.log('swap cache has been called');
    },
    false
);
// Check for manifest changes every 10 seconds
setInterval(function(){cache.update()}, 10000);
```

코드가 많아 보일지 모르지만 실제 여기서 하는 일은 그리 많지는 않다.

❶ 처음 일곱 개의 라인은 단지 애플리케이션의 캐시 객체에 대한 상태 값의 배열을 설정한다. HTML5 스펙에 정의된 여섯 개의 가능한 값이 있다. 그리고 여기서 간단한 설명에 정수값을 매핑하고 있다(즉, status 3은 "downloading"을 의미한다). logEvent 함수에서 로깅을 좀 더 설명적으로 만들기 위해서 포함시켰다.

❷ 여기서는 스펙에 의해 정의된 모든 가능한 event를 위해 하나의 event listener를 설정하고 있다. 각 event는 logEvent 함수를 호출한다.

❸ logEvent 함수는 event를 입력받아 설명적인 로그 메시지를 구성하기 위해서 몇 개의 간단한 계산을 한다. event type이 에러이고 사용자가 online 상태이면 아마도 사이트에 있는 manifest의 문법 에러일 것이다. 문법 에러는 manifest에서 쉽게 발생한다. 왜냐하면 모든 경로가 타당해야만 하기 때문이다. 파일명을 바꾸거나 파일을 옮기고 manifest 수정을 잊으면 향후 갱신은 실패하게 된다.

❹ 메시지를 구성하여 콘솔에 보낸다.

데스크톱 Safari에서 Develop→Show Error Console을 선택하여 콘솔 메시지를 볼 수 있다. 아이폰 Simulator에서는 Settings→Safari→Developer로 이동하여 Debug Console을 키면 콘솔 메시지를 볼 수 있다. 디버깅을 켤 때 Mobile Safari는 location bar 위에 header를 보여준다(그림 6-7). 이를 통해 디버깅 콘솔을 탐색 할 수 있다(그림 6-8).

브라우저의 웹 페이지를 로드한 후 콘솔을 열면 10초마다 새로운 메시지가 나타나는 것을 볼 수 있다(그림 6-9). 아무것도 볼 수 없다면 demo.manifest에 버전 번호를 갱신하고 브라우저에서 페이지를 2회 다시 로드한다. 진행되고 있는 일이 무엇인지 대한 감을 확실히 느낄 때까지 이 작업을 자유자재로 다루어보길 강력히 권한다. 여러분이 manifest에 변화를 주면(내용을 변경하거나 이름을 바꾸거나 다른 디렉터리로 이동하는 등) 마치 마술처럼 콘솔에 결과가 보이게 된다.

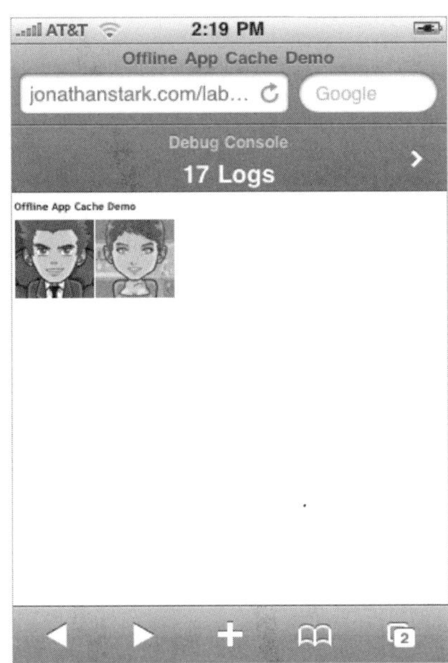

[그림 6-7] Mobile Safari에서 디버깅을 켠 상태

[그림 6-8] Mobile Safari 디버깅 콘솔

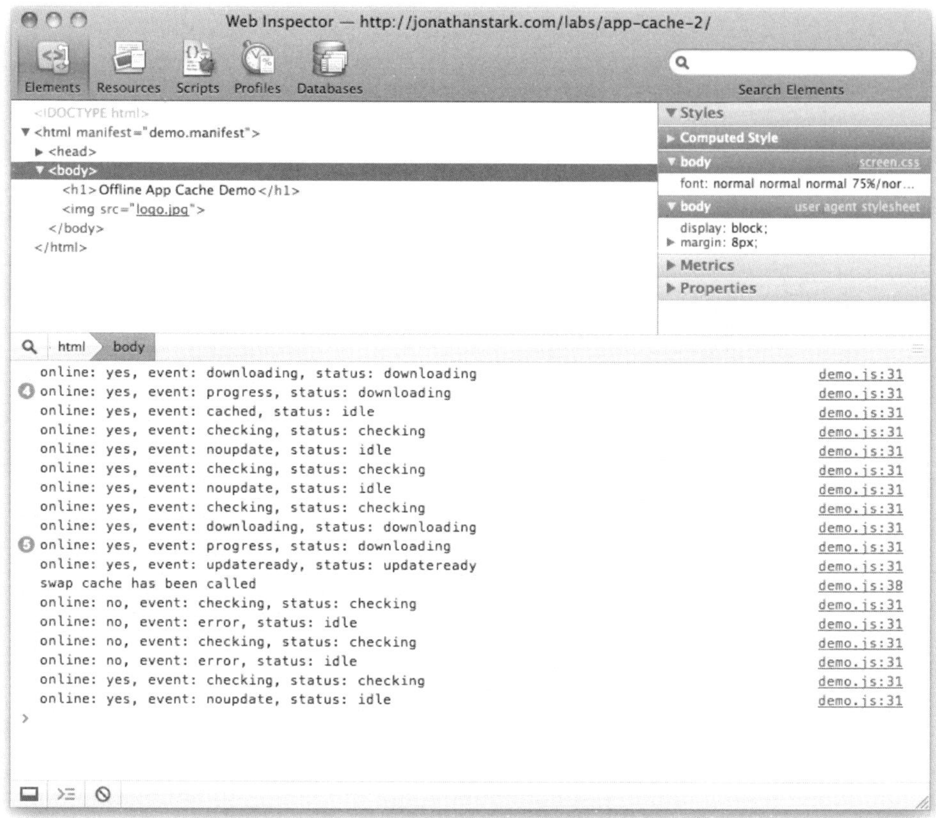

[그림 6-9] `console.log()` 함수는 JavaScript 콘솔에 디버깅 메시지를 보내기 위해 사용될 수 있다.

Application Cache Database

Offline 웹 애플리케이션을 디버깅하는 데 심각한 문제점을 가지고 있다면 엔진의 안으로 들어가 무엇이 진행되고 있는지 볼 수 있는 방법이 있다. 아이폰 Simulator에 애플리케이션을 로드한다면 cache된 리소스들이 SQLite database에 저장된다. 그러면 SQLite database에서 sqlite3 command-line 인터페이스를 통해 정밀 검사를 할 수 있다. 물론 SQL에 대한 어느 정도의 지식을 가지고 있으면 도움이 되지만 이 섹션에서는 예제를 따라하는 것으로도 꽤 많은 것을 배울 수 있다.

Simulator를 얻기 위해서는 애플에서 아이폰 SDK를 인스톨해야 한다. http://developer. apple.com/iphone/에서 애플 개발자로 등록하여 SDK를 얻을 수 있다. 등록비용은 없지만 App Store에 애플리케이션을 올리기를 원한다면 아이폰 개발자 프로그램에 아이폰 개발자로 등록해야 한다(애플 개발자와 아이폰 개발자는 다르다).

저자의 장비에는 아이폰 Simulator 애플리케이션 캐시 database가 다음과 같은 위치에 있다.

```
/Users/jstark/Library/Application Support/iPhone
Simulator/User/Library/Caches/com.apple.WebAppCache/ApplicationCache.db
```

아이폰 Simulator에 웹 애플리케이션을 단 한 번도 로드하지 않았다면 com.apple. WebAppCache 디렉터리와 ApplicationCache.db database는 존재하지 않는다.

sqlite3 command-line 인터페이스를 이용하면 무슨 일이 일어나고 있는지에 대한 아이디 어를 얻기 위해 database에서 뒤져 볼 수 있다. 우선 database에 접속해야 한다. Terminal 을 열고(Applications→Utilities→Terminal) 다음 명령을 입력한다($는 Terminal 쉘 프롬프 트이고 입력되는 것이 아니다).

```
$ cd "$HOME/Library/Application Support/iPhone Simulator"
$ cd User/Library/Caches/com.apple.WebAppCache/
$ sqlite3 ApplicationCache.db
```

Mac에서 데스크톱 Safari의 애플리케이션 캐시는 임시 디렉터리에 인접한 디렉터리에 있다. 여 러분은 Terminal에서 다음 명령을 통해 볼 수 있다.

```
$ cd $TMPDIR/../-Caches-/com.apple.Safari/
$ sqlite3 ApplicationCache.db
```

일단 접속되면 다음과 같이 보인다.

```
SQLite version 3.6.17
Enter ".help" for instructions
Enter SQL statements terminated with a ";"
sqlite>
```

지금 sqlite> 프롬프트에서 SQLite 제어문과 임의의 SQL 명령들을 입력할 수 있다. SQLite 제어문의 목록을 보기 위해서 프롬프트에 .help를 입력한다. 명령들을 많이 볼 수 있을 것이다. 이는 우리가 하고자 하는 목적을 달성하기 위해 가장 중요한 것들이다.

```
.exit                   Exit this program
.header(s) ON|OFF       Turn display of headers on or off
.help                   Show this message
.mode MODE ?TABLE?      Set output mode where MODE is one of:
          csv           Comma-separated values
          column        Left-aligned columns.  (See .width)
          html          HTML <table> code
          insert        SQL insert statements for TABLE
          line          One value per line
          list           Values delimited by .separator string
          tabs          Tab-separated values
          tcl           TCL list elements
.quit                   Exit this program
.tables ?PATTERN?       List names of tables matching a LIKE pattern
```

Cache manifest database에 있는 테이블들의 목록을 검색하려면 .tables 명령을 사용한다.

```
sqlite> .tables
CacheEntries         CacheResourceData  CacheWhitelistURLs  FallbackURLs
CacheGroups          CacheResources       Caches
```

테이블 쿼리를 시작하기 전에 .headers에 ON을 설정한다. 그러면 출력에 필드명이 추가될 것이다. 그리고 더 쉽게 읽기 위해서 .mode에 line을 설정한다. 강조 표시된 명령문을 입력해 본다(sqlite>는 SQLite 프롬프트이다).

```
sqlite> .headers on
sqlite> .mode line
```

CacheGroups는 데이터 모델의 톱 레벨이다. 이것은 manifest의 각 버전에 대한 한 행을 포함하고 있다. 강조 표시된 명령문을 입력한다(;을 잊지 말자).

```
sqlite> select * from CacheGroups;
                id = 1
  manifestHostHash = 2669513278
      manifestURL = http://jonathanstark.com/labs/kilo10/kilo.manifest
      newestCache = 7

                id = 2
  manifestHostHash = 2669513278
      manifestURL = http://jonathanstark.com/labs/cache-manifest-bug/test.manifest
      newestCache = 6

                id = 5
  manifestHostHash = 2669513278
      manifestURL = http://jonathanstark.com/labs/kilo11/kilo.manifest
      newestCache = 13

                id = 6
  manifestHostHash = 2669513278
      manifestURL = http://jonathanstark.com/labs/app-cache-3/demo.manifest
      newestCache = 14
```

위에 보이는 것처럼 저자의 장비에는 네 개의 캐시 그룹이 있다. 이 시점에서 여러분은 아마도 하나만 가지고 있을 것이다. 각 필드는 다음과 같이 나눠진다.

id

그 행에 배정된 유일한 자동증가 serial number이다. Mobile Safari가 테이블에 한 행을 삽입할 때마다 이 숫자는 증가된다. 어떤 이유로 인해 행을 삭제할 필요가 있다면 순서는 어그러질 것이다.

manifestHostHash

캐시를 고유하게 식별하기 위해 manifestURL과 함께 사용한다.

manifestURL

사이트(원거리) manifest 파일의 위치를 나타낸다.

newestCache

사용되고 있는 캐시를 나타내는 Cashes 행 ID이다(즉, Cachcs 테이블의 외래 키(foreign key)).

Database 테이블에 있는 하나의 칼럼이 무엇인가를 식별할 때 key로 고려된다. 예를 들어 고유 키(unique key)는 테이블에서 명료하게 한 행을 식별한다. 기본 키(primary key)는 한 행을 식별하는 key로 설계된 고유 키다. 즉, 고유 키 중 하나를 기본 키로 지정한 것이다. 예를 들어 CacheGroups 테이블에 두 개의 칼럼이 각각 그 값으로 이루어진 행이 단지 한 행만 있다면 두 칼럼 각각이 잠재적으로 고유 키다: id와 manifestURL. 그러나 id는 간단한 숫자 형식이여서 비교가 빠르다(그리고 다른 테이블에서 참조할 때 더 적은 기억공간을 요구한다). 그래서 id가 CacheGroups 테이블에서 고유 키이면서 기본 키다.

외래 키(foreign key)는 다른 테이블로부터의 링크이다. Caches 테이블(뒤에서 논의될 것이다)에 있는 cacheGroup 칼럼은 CacheGroups 테이블에서 한 행을 식별한다. 즉, Caches 테이블에 있는 cacheGroup 칼럼으로부터 CacheGroups 테이블로의 링크를 설정하면 cacheGroup 칼럼은 CacheGroups 테이블에서 한 행을 식별하는 외래 키가 된다.

칼럼 모드로 전환하고 Cashes 테이블에 있는 모든 행을 select한다.

```
sqlite> .mode column
sqlite> select * from Caches;
id          cacheGroup
----------  ----------
6           2
7           1
13          5
14          6
```

Caches 테이블은 두 개의 필드를 가지고 있다: id(Caches의 한 행에 대한 기본 키)와 cacheGroup(Caches id에 CacheGroups 테이블에 있는 한 행을 연결하는 외래 키). Safari가 새로운 cache를 다운로드하는 과정에 있다면 CacheGroup에 대한 두 개의 Cache 행이 있을 수 있다(하나는 현재, 하나는 임시). 어떤 경우에도 하나의 CacheGroup당 하나의 Cache 행만 있어야만 한다.

다음은 CacheEntries 테이블에 있는 모든 행을 select 해 보자.

```
sqlite> select * from CacheEntries;
cache       type        resource
----------  ----------  ----------
6           1           67
6           4           68
6           2           69
```

7	4	70
7	4	71
7	4	72
7	4	73
7	2	74
7	4	75
7	4	76
7	4	77
7	1	78
7	4	79
13	4	160
13	4	161
13	4	162
13	4	163
13	2	164
13	4	165
13	4	166
13	4	167
13	4	168
13	1	169
13	4	170
13	4	171
13	4	172
13	4	173
13	4	174
13	4	175
14	4	176
14	16	177
14	4	178
14	1	179
14	4	180
14	2	181

여기에서 봐야할 내용은 많지 않다. 이 테이블에는 단지 두 개의 외래 키(cache, 이 필드는 Caches.id 칼럼에 대한 외래 키이고 resource, 이 필드는 CacheResources.id에 대한 외래 키이다)와 하나의 type 필드가 있다. CacheResources 테이블에 join 하는 쿼리문을 다시 실행 시키면 type이 실제 파일과 어떻게 대응되는지 볼 수 있다. 우선 칼럼 너비를 URL들이 잘리지 않도록 설정한다(...> 프롬프트는 ;(문장의 끝을 나타내는 세미콜론)으로 문장을 끝내기 전에 Return키를 눌렀음을 의미한다).

```
sqlite> .width 5 4 8 24 80
sqlite> select cache, type, resource, mimetype, url
   ...> from CacheEntries,CacheResources where resource=id order by type;
-- -- --- -------------------------------------------------------------------
6   1  67   text/htm... http://jonathanstark.com/labs/cache-manifest-bug/
7   1  78   text/htm... http://jonathanstark.com/labs/kilo10/#home
13  1  169  text/htm... http://jonathanstark.com/labs/kilo11/#home
14  1  179  text/htm... http://jonathanstark.com/labs/app-cache-3/
6   2  69   text/cac... http://jonathanstark.com/labs/cache-manifest-bug/test.manifest
7   2  74   text/cac... http://jonathanstark.com/labs/kilo10/kilo.manifest
13  2  164  text/cac... http://jonathanstark.com/labs/kilo11/kilo.manifest
14  2  181  text/cac... http://jonathanstark.com/labs/app-cache-3/demo.manifest
6   4  68   image/pn... http://jonathanstark.com/labs/kilo10/icon.png
7   4  70   text/css... http://jonathanstark.com/labs/kilo10/jqtouch/jqtouch.css
7   4  71   image/pn... http://jonathanstark.com/labs/kilo10/icon.png
7   4  72   text/css... http://jonathanstark.com/labs/kilo10/themes/jqt/theme.css
7   4  73   image/pn... http://jonathanstark.com/labs/kilo10/startupScreen.png
7   4  75   applicat... http://jonathanstark.com/labs/kilo10/jqtouch/jqtouch.js
7   4  76   applicat... http://jonathanstark.com/labs/kilo10/kilo.js
7   4  77   applicat... http://jonathanstark.com/labs/kilo10/jqtouch/jquery.js
7   4  79   image/x-... http://jonathanstark.com/favicon.ico
13  4  160  applicat... http://jonathanstark.com/labs/kilo11/kilo.js
13  4  161  text/css... http://jonathanstark.com/labs/kilo11/jqtouch/jqtouch.css
13  4  162  image/pn... http://jonathanstark.com/labs/kilo11/icon.png
13  4  163  image/x-... http://jonathanstark.com/favicon.ico
13  4  165  image/pn...
http://jonathanstark.com/labs/kilo11/themes/jqt/img/button.png
13  4  166  image/pn...
http://jonathanstark.com/labs/kilo11/themes/jqt/img/chevron.png
13  4  167  text/css... http://jonathanstark.com/labs/kilo11/themes/jqt/theme.css
13  4  168  applicat... http://jonathanstark.com/labs/kilo11/jqtouch/jquery.js
13  4  170  applicat... http://jonathanstark.com/labs/kilo11/jqtouch/jqtouch.js
13  4  171  image/pn...
http://jonathanstark.com/labs/kilo11/themes/jqt/img/back_button.png
13  4  172  image/pn...
http://jonathanstark.com/labs/kilo11/themes/jqt/img/toolbar.png
13  4  173  image/pn... http://jonathanstark.com/labs/kilo11/startupScreen.png
13  4  174  image/pn...
http://jonathanstark.com/labs/kilo11/themes/jqt/img/back_button_clicked.png
13  4  175  image/pn...
http://jonathanstark.com/labs/kilo11/themes/jqt/img/button_clicked.png
14  4  176  text/htm... http://jonathanstark.com/labs/app-cache-3/index.html
```

```
14  4  178 applicat... http://jonathanstark.com/labs/app-cache-3/scripts/demo.js
14  4  180 text/css... http://jonathanstark.com/labs/app-cache-3/styles/screen.css
14 16 177 image/jp... http://jonathanstark.com/labs/app-cache-
3/images/offline.jpg
```

리스트의 의미를 살펴보면, type 1은 host 파일, type 2는 manifest 파일, type 4는 일반 static 리소스, type 16을 fallback 리소스이다.

다시 line 모드로 바꾸고 무슨 일이 일어나는지 보기 위해 CacheResources 테이블에 몇 개의 데이터를 넣어보자. 위 리스트에 리소스 값이 73인 행이 있다(스스로 이를 테스트 해보고자 한다면 73을 CacheResources 테이블의 이전 쿼리로 얻은 결과를 보고 타당한 id 값으로 대체해본다).

```
sqlite> .mode line
sqlite> select * from CacheResources where id=73;
            id = 73
           url = http://jonathanstark.com/labs/kilo10/startupScreen.png
    statusCode = 200
   responseURL = http://jonathanstark.com/labs/kilo10/startupScreen.png
      mimeType = image/png
textEncodingName =
       headers = Date:Thu, 24 Sep 2009 19:16:09 GMT
X-Pad:avoid browser bug
Connection:close
Content-Length:12303
Last-Modified:Fri, 18 Sep 2009 05:02:26 GMT
Server:Apache/2.2.8 (Fedora)
Etag:"52c88b-300f-473d309c45c80"
Content-Type:image/png
Accept-Ranges:bytes

          data = 73
```

여러분이 HTTP 요청과 친숙한 일을 하고 있다면 네트워크 응답을 위조하기 위하여 필요한 데이터가 분명히 있다는 것을 인식하고 있을 것이다. 모바일 Safari는 PNG 파일을 브라우저에 제공하기 위해 필요한 모든 정보를 가지고 있다(이 경우에는, PNG 파일 자체에서 원래 파일을 제공한 웹 서버의 동작을 재생하기 위해 필요한 정보를 저장하고 있다).

그래서 실제로 PNG 파일에는 실제적인 이미지 데이터를 제외한 모든 정보를 가지고 있다. 이미지 데이터는 CacheResourceData에 있는 blob 필드(Binary Large Object의 약자. 텍스트, 이미지, 오디오 또는 비디오를 포함하는 모든 디지털화된 정보를 보유한 데이터베이스 필드. "대형 오브젝트" 또는 LOB로도 알려져 있으며, BLOB는 대용량 저장 공간을 가지고 있다—옮긴이)에 저장된다. PNG 파일을 여기에 포함하고 있기는 하지만 2진 데이터이고 봐야할 경우가 많지 않다. 텍스트 파일(HTML, CSS, JavaScript 등)과 같은 파일들도 CacheResourceData의 blob 필드에 2진 데이터로 저장된다는 것에 유의하자.

Manifest의 NETWORK: 섹션에서 확인된 모든 엘리먼트를 포함하고 있는 CacheWhitelistURLs 테이블을 한번 보도록 하자.

```
sqlite> .width 80 5
sqlite> .mode column
sqlite> select * from CacheWhitelistURLs;
url                                                                              cache
-------------------------------------------------------------------------------- -------
http://jonathanstark.com/labs/kilo10/themes/jqt/img/back_button.png             7
http://jonathanstark.com/labs/kilo10/themes/jqt/img/back_button_clicked.png     7
http://jonathanstark.com/labs/kilo10/themes/jqt/img/button.png                  7
http://jonathanstark.com/labs/kilo10/themes/jqt/img/button_clicked.png          7
http://jonathanstark.com/labs/kilo10/themes/jqt/img/chevron.png                 7
http://jonathanstark.com/labs/kilo10/themes/jqt/img/toolbar.png                 7
```

Online 리소스에는 단지 cache id와 URL만을 가지고 있다. 브라우저가 Cache id 7을 요구한다면 사용자가 online 상태일 때 원거리 사이트로부터 여섯 개의 이미지가 검색된다. 사용자가 offline 상태이면 로컬 메모리에 저장되지 않았기 때문에 링크가 제대로 보이지 않을 것이다. URL은 절대주소 URL로 완전히 확장되지 않는다면 아무런 가치가 없다. 비록 manifest에 상대주소 URL로 목록화 되었다 해도 마찬가지이다.

마지막으로 FallbackURLs 테이블을 살펴보자(manifest의 FALLBACK: 섹션에 있는 모든 것).

```
sqlite> .mode line
sqlite> select * from FallbackURLs;
  namespace = http://jonathanstark.com/labs/app-cache-3/images/
  fallbackURL = http://jonathanstark.com/labs/app-cache-3/images/offline.jpg
      cache = 14
```

FallbackURLs 테이블에는 현재 단 한 행을 가지고 있다. 브라우저가 cache id 14를 요구하고 http://jonathanstark.com/labs/app-cache-3/images/로 시작된 어느 URL이 무슨 이유에서든(사용자가 offline이거나 이미지가 빠지는 등) 실패한다면 fallbackURL이 대신 사용될 것이다.

이 섹션이 약간 복잡하게 느껴질 수 있다. 그러나 이 시점에서 이것이 우리가 얻은 전부이다. 아마도 브라우저 벤더들은 우리가 애플리케이션 cache를 찾아볼 수 있는 사용자 인터페이스의 어떤 종류를 언젠가 구현할 것이다(local storage와 client-side database과 유사한). 그러나 그때까지 우리는 클라이언트 측 저장의 정도를 가지고 고민할 때 사용할 수 있는 선택사항이 될 수 있다.

이 장을 마치며

이 장에서는 사용자가 인터넷에 연결되어 있지 않은 상태일 때에도 웹 애플리케이션에 사용자 접근을 제공해주는 방법에 대해 배웠다. Offline 모드는 애플리케이션이 모바일 Safari에 로드되거나 데스크톱에 있는 Web Clip icon으로부터 full screen 모드로 시작될 때 적용한다. 프로그래밍 툴박스에 이 새로운 기능의 추가로 여러분은 지금 App Store에서 다운로드 받은 native 애플리케이션과 실제로 구별할 수 없는 full screen의 offline 애플리케이션을 만드는 능력을 갖게 되었다.

물론, 이와 같은 순수한 웹 애플리케이션은 여전히 모든 웹 애플리케이션이 가지고 있는 보안 문제에 대한 한계가 있다. 예를 들어 웹 애플리케이션이 Address Book, camera, accelerometer에 접근하지 못할 수 있다. 다음 장에서는 이러한 문제점과 보완 역할을 하는 PhoneGap이라는 오픈 소스 프로젝트를 가지고 더 많은 것을 다룰 것이다.

 Native

iPhone Apps with HTML, CSS, and JavaScript

지금 우리의 웹 애플리케이션은 native 애플리케이션이 할 수 있는 많은 것들을 할 수 있다: home screen에서 시작하기, full screen 모드에서 실행하기, 아이폰에 로컬로 데이터 저장하기, offline 모드에서 작동하기. 장치를 멋지게 구성했고 사용자에게 피드백과 내용이 native처럼 보이도록 애니메이션을 설정했다.

그러나 우리의 애플리케이션이 여전히 할 수 없는 것이 두 가지가 있다 : 장치의 기능과 하드웨어(예, geolocation, accelerometer, sound, vibration)에 접근할 수 없고 iTunes App Store에 올릴 수 없다. 이 장에서 여러분은 이를 극복하기 위해 다리 역할을 하는 PhoneGap (gap:간격/phone:전화, 이 이름에서 역할을 유추해보자)을 사용하는 방법을 배울 것이다.

PhoneGap 소개

PhoneGap은 Nitobi(http://www.nitobi.com/)에 의해 개발된 오픈 소스 개발 툴이다. 이는 웹 애플리케이션과 모바일 장치 사이에 다리 역할을 하기 위해 만들어졌다. 아이폰, 구글 안드로이드, 블랙베리 운영체제는 현재 계속 지원되고 있고 Nokia와 Windows Mobile은 개발 중에 있다.

높은 프로필에도 불구하고, 아이폰은 가장 널리 사용되는 모바일 장치에 접근할 수조차 없다. 모바일의 전망은 장치, 플랫폼, 운영체제에 산재해 있다. 여러분이 웹 개발자라면 10번의 테스트, 10번의 브라우저 버전 변경, 운영체제 버전 등의 노고에 익숙할 것이다. 이것에 100을 곱하면 이것이 모바일의 개발을 위한 노고이다. 개발에 비용을 들이지 않는 간단한 방법은 없고, 가능한 모든 조합을 거르고 테스트하는 방법도 없다.

Apple 덕분에, 지금 완벽한 기능을 갖춘 웹 브라우징을 제공하는 장치에 대한 시장이 형성되어 있다는 것은 분명하다. 벤더가 폰에 고품질 브라우저를 포함할수록 우리가 여기서 한 작업은 더욱 가치 있게 된다. 웹 애플리케이션을 제작하여 우리는 모바일 개발의 많은 복잡성을 효과적으로 극복했다. 우리는 하나의 기본 코드를 여러 장치와 플랫폼에 효율적으로 활용할 수 있다.

물론, 서로 다른 장치들은 서로 다른 기능을 가지고 있다. 아마도 어떤 특이한 폰은 멀티 터치를 지원하지 않거나 accelerometer를 가지고 있지 않을지도 모른다. 장치들이 같은 기능들을 가지고 있다고 하더라도 각각의 장치들은 개발자에게 그 기능들을 드러내는 자신만의 고유한 방법을 가지고 있다.

PhoneGap은 광범위하게 사용되는 모바일 폰 기능들을 위한 API를 추상화한다. 그래서 모바일 애플리케이션 개발자는 같은 코드를 어디에서나 사용할 수 있다. 여러분은 여전히 벤더가 제공한 SDK를 사용하여 애플리케이션을 수동으로 배포해야 하지만 애플리케이션 코드를 수정할 필요는 없다.

RhoMobile(http://rhomobile.com/)과 Titanium Mobile(http://www.appcelerator.com/)도 PhoneGap과 같은 기능을 하는 제품이다. 저자는 이 제품들을 서로 비교할 수 있을 정도로 친숙하지 못하다. 하지만 여러분은 경우에 따라서 PhoneGap보다 더 좋은 제품을 확인하고 싶을 수도 있을 것이다.

이 책은 아이폰 책이기 때문에 PhoneGap의 아이폰 부분에만 초점을 맞출 것이다. 여러분이 애플리케이션을 아주 적은 수정이나 전혀 수정하지 않고 안드로이드, 블랙베리, 윈도우 모바일 장치에 잠재적으로 배포할 수 있다.

아이폰의 경우, SDK를 사용하려면 Xcode가 인스톨된 Mac이 필요하고 아이폰 개발자 프로그램에 가입하려면 유감스럽게도 비용을 지불해야만 한다. http://developer.apple.com/iphone/에서 Apple 개발자로 등록하면 SDK를 얻을 수 있다. 등록비용은 없지만 App Store에 여러분의 애플리케이션을 제출하거나 심지어 자신의 폰에서 자신의 애플리케이션을 실행시킬 때에도 http://developer.apple.com/iphone/에서 아이폰 개발자 프로그램에 아이폰 개발자로 등록해야 한다. 그러나 아이폰 Simulator에서는 애플리케이션을 테스트하기 위해 무료 SDK를 사용할 수 있다. 아이폰 Simulator에는 아이폰 SDK가 포함되어 있다. 아이폰 개발자로 등록한 다음에는 http://developer.apple.com/iphone/로 돌아와서 로그인을 하고 아이폰 SDK를 다운로드 받는다. 아이폰 SDK는 Xcode를 포함하고 있다. Xcode는 simulator에서 애플리케이션을 테스트하고 자신의 아이폰에서 실행시키고 App Store에 제출하기 위해 사용되는 개발 환경이다.

PhoneGap을 시작하려면 우선 PhoneGap을 다운로드 받아야 한다. http://github.com/phonegap/phonegap에 가서 다운로드 버튼을 클릭하면 된다(그림 7-1). Mac 환경이라면 ZIP 버전을 다운로드 받고 싶을 것이다. 다운로드가 완료되면 압축을 풀고 데스크톱에 보관한다(그림 7-2).

PhoneGap 다운로드는 장치에 따른 디렉터리들의 묶음이다(즉, android, iphone, blackberry, windows mobile). 그리고 몇 개의 라이브러리와 유틸리티 파일들 그리고 디렉터리들이 포함되어 있다(그림 7-3). 우리가 봐야 할 것은 아이폰 디렉터리이다.

아이폰 디렉터리는 Xcode 프로젝트를 시작하는 파일들을 포함하고 있다(그림 7-4). 그 파일들은 어느 Xcode 프로젝트에 있는 일종의 소스 파일이다.

아이폰 디렉터리 내에 www 디렉터리가 있다. 이 디렉터리를 애플리케이션의 웹 루트로 생각하면 된다. 기본적으로 이 디렉터리에는 index.html와 master.css 두 개의 예제 파일이 있다. 이 파일들은 데모 PhoneGap 애플리케이션으로 사용된다. 이 두 파일은 우리에게 필요 없기 때문에 모두 삭제해도 무방하다(그림 7-5).

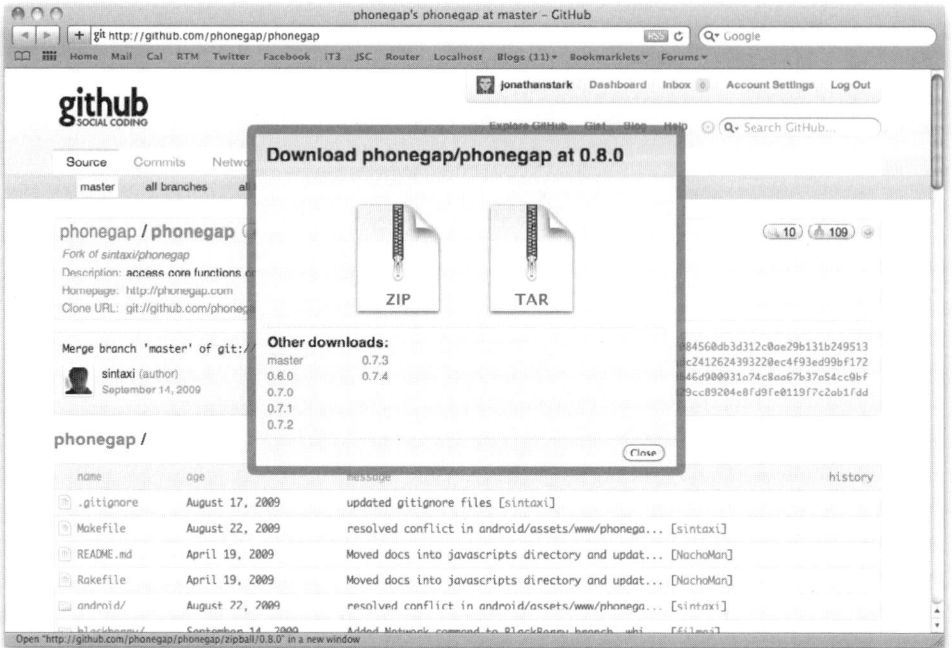

[그림 7-1] GitHub에서 PhoneGap의 최신 버전을 다운로드 받는다.

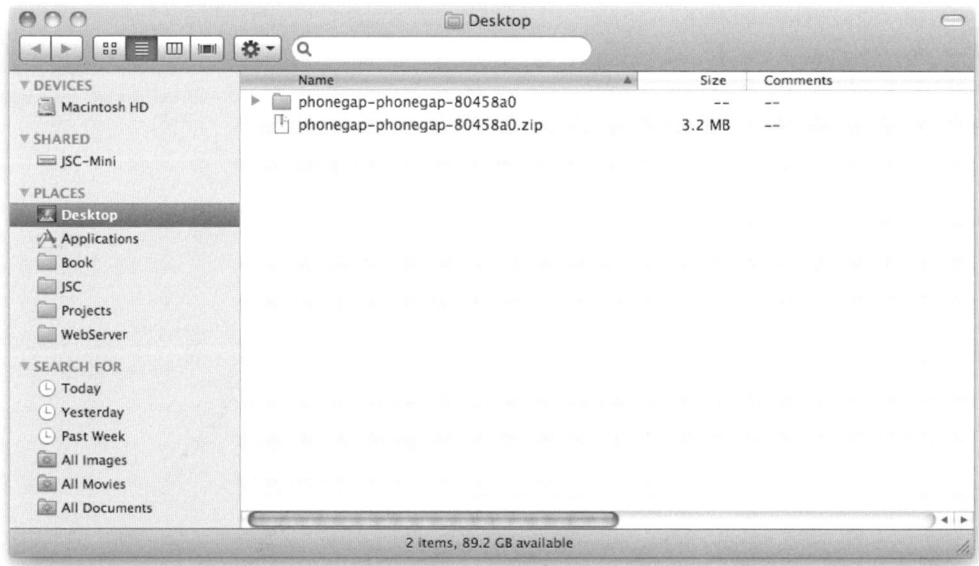

[그림 7-2] PhoneGap 압축을 풀고 데스크톱에 보관한다.

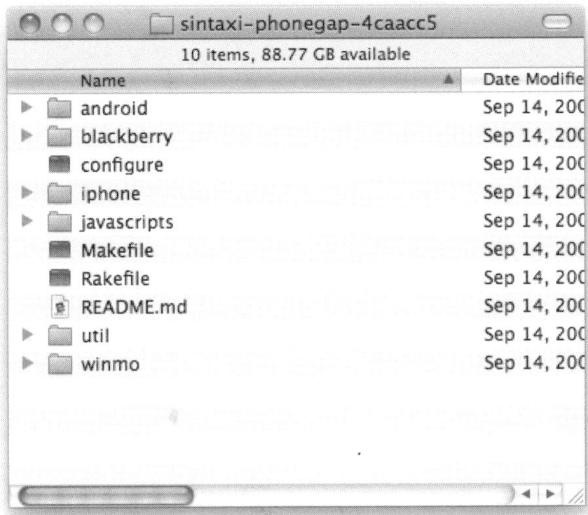

[그림 7-3] PhoneGap 디렉터리의 탑 레벨은 다양한 모바일 플랫폼들을 위한 서브디렉터리이다.

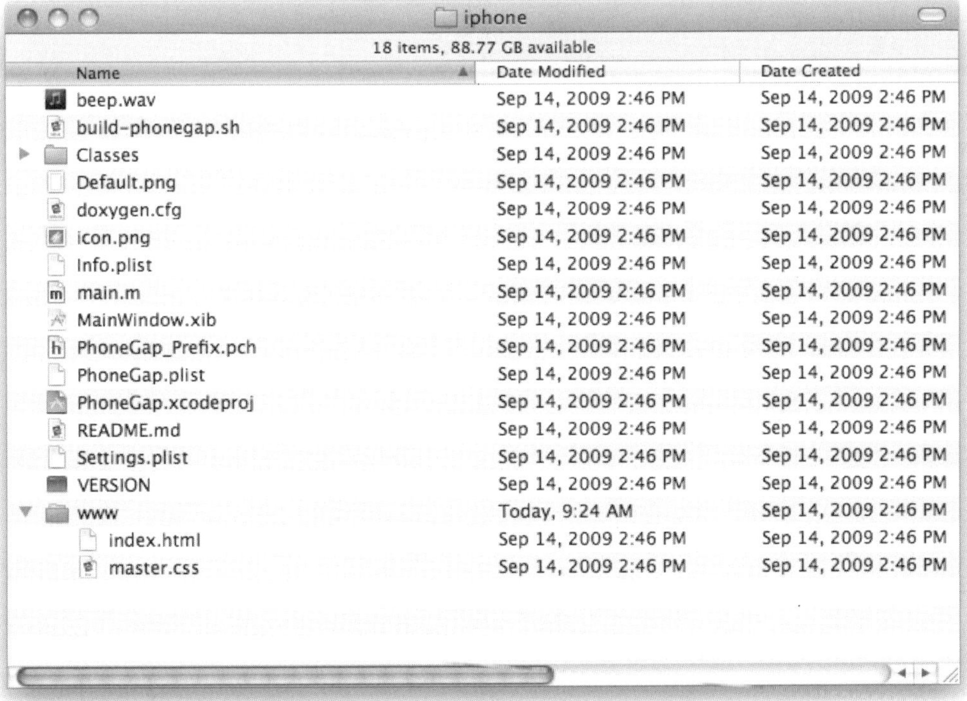

[그림 7-4] PhoneGap의 아이폰 서브디렉터리는 Xcode 프로젝트를 시작하는 파일들을 포함하고 있다.

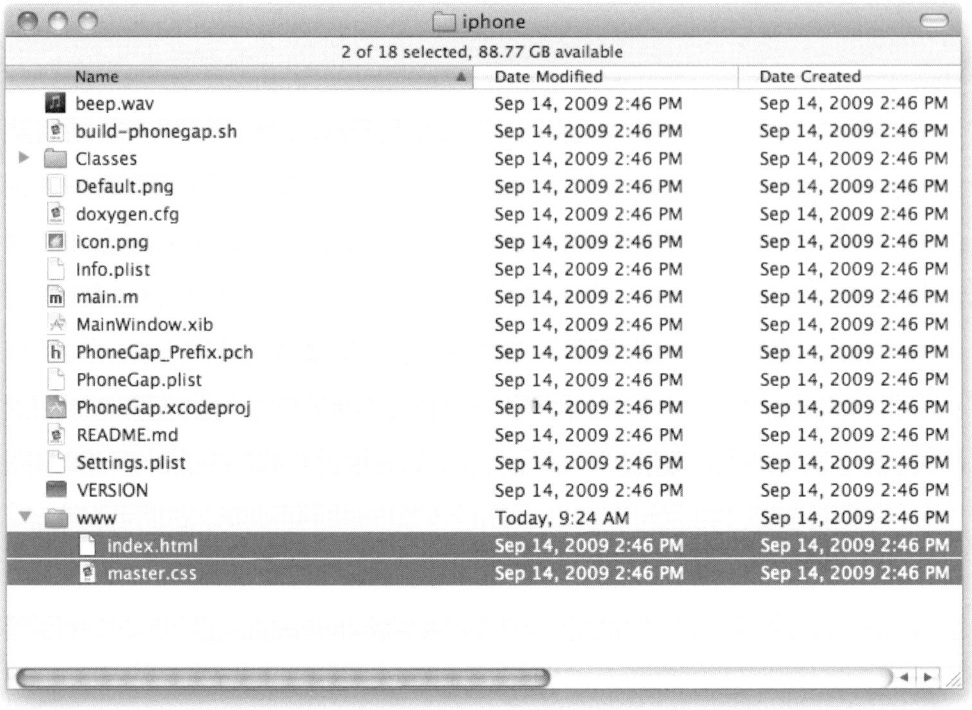

[그림 7-5] www 디렉터리에서 두 개의 기본 파일을 삭제한다.

다음은, 우리가 작업해온 Kilo 애플리케이션의 모든 파일들을 www 디렉터리에 복사한다(Mac에서 복사본을 만들기 위해 파일들을 드래깅하는 동안 Option을 계속 누르고 있어야 한다). 폴더의 구조나 이름을 변경하지 않는다. 단지 그림 7-6처럼 www 디렉터리에 드래그한 것을 드롭한다.

6장에서 설명했던 대로 여러분이 index.html에 있는 html 태그에 manifest 링크를 추가했다면 그것을 제거해야 한다. 그것은 PhoneGap을 사용하는 동안 불필요하고 성능 문제를 유발할 수 있다.

다음으로는 index.html 파일로 가보자. <head> 섹션에 다음 라인을 추가하고 파일을 저장한다.

```
<script type="text/javascript" src="phonegap.js" charset="utf-8"></script>
```

phonegap.js 파일은 www 디렉터리에 복사할 필요가 없다. 애플리케이션을 빌드할 때 Xcode가 처리해준다.

애플리케이션의 메인 페이지 이름이 index.html인지 확인해보자. 그렇지 않다면 PhoneGap은 어떤 파일로 시작해야 할지 모른다.

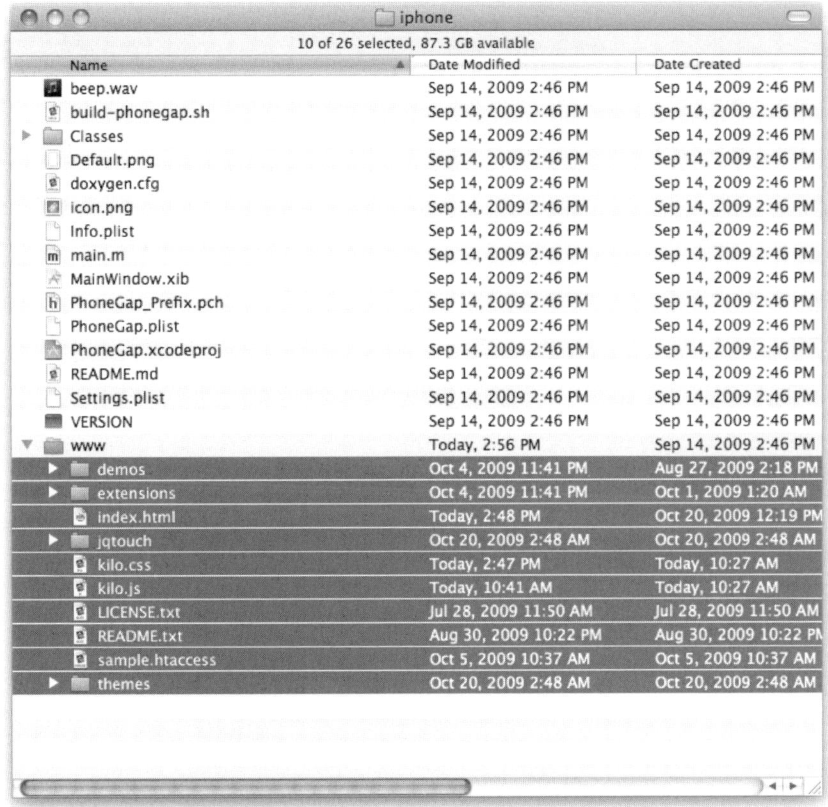

[그림 7-6] 여러분의 전체 웹 애플리케이션을 www 디렉터리에 복사한다.

믿기지 않겠지만 우리는 애플리케이션을 테스트할 준비가 거의 되었다. Finder에서 PhoneGap.xcodeproj 파일을 더블클릭하여 Xcode에 있는 프로젝트를 연다. 일단 프로젝트 윈도우가 열리면 액티브 SDK로 선택된 아이폰 Simulator가 최근 버전(여기서는 3.1.2)인지 확인한다. 그리고 Build and Run 버튼을 클릭한다(그림 7-7). 약 10초 후, 아이폰 Simulator가 나타나고 애플리케이션을 시작한다.

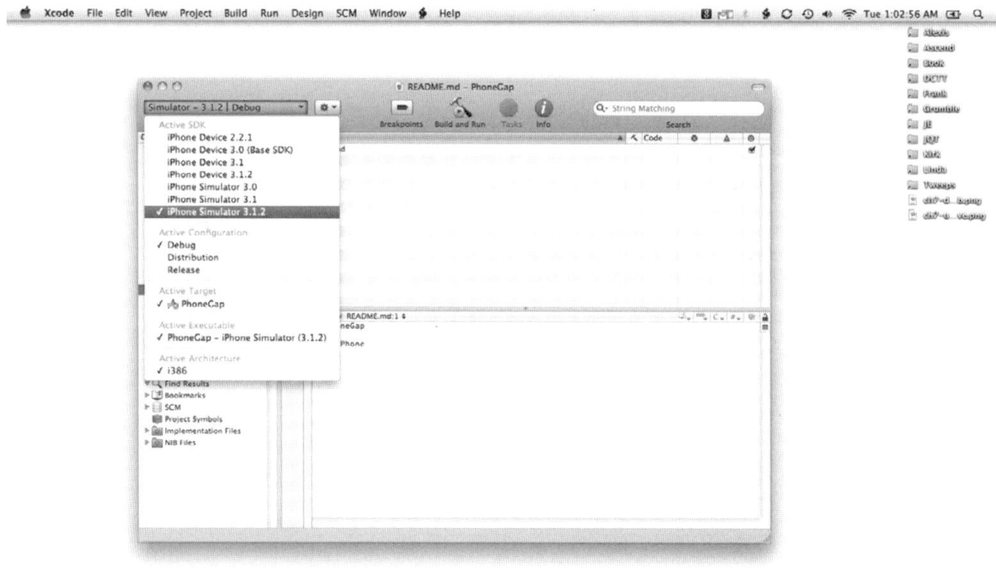

[그림 7-7] 액티브 SDK로 iPhone Simulator 3.1.2를 선택한다.

Simulator가 실행되지 않는다면 프로젝트에 오류가 있음을 의미한다. Xcode 윈도우의 아래 오른쪽 모서리에서 빨간 숫자를 찾아본다. 이것은 발생한 오류의 수이다. 오류에 관한 자세한 사항을 알아보기 위해 그 숫자를 클릭하고 어디서 잘못되었는지 찾기 위해 각 단계들을 검토한다. 여러분이 해결할 수 없는 문제에 직면할 경우 http://phonegap.com/community에서 PhoneGap 공동 리소스를 찾아본다. 질문을 올려놓기 전에 wiki와 Google Group을 통해 먼저 답을 찾는다. 질문을 올릴 경우 오류에 관한 가능한 많은 정보를 포함한다.

여러분의 애플리케이션은 지금 아이폰 Simulator에서 native 애플리케이션으로 실행되고 있다. 이 애플리케이션은 우리가 6장에서 실행했던 full-screen 웹 애플리케이션과 매우 비슷한 것처럼 느껴질지도 모른다. 그러나 이것은 큰 차이가 있다. 우리는 지금 장치의 기능들에 접근할 수 있다. 이는 이전에는 불가능했던 일이다. 장치 기능에 접근하기 전에 먼저 약간의 정리가 필요하다.

Screen의 Full Height 사용하기

여러분은 윈도우의 아래 부분에 40px의 틈이 있는 것을 인지했을 것이다(그림 7-8). 우리가

full screen 모드에서 실행시키고 있다는 것을 jQTouch가 깨닫지 못하고 Safari toolbar를 위한 공간을 허용하고 있기 때문에 이런 현상이 발생한다. 이것은 jQTouch 관점에서 이해되고 있는 것이다. 왜냐하면 애플리케이션은 기술적으로 full-screen 웹 애플리케이션으로 실행할 수 없기 때문이다.

[그림 7-8] 윈도우의 아래 부분에 40px의 틈이 있다.

그러나 이 애플리케이션은 native 애플리케이션으로 실행되고 있으므로 전 화면에 채워져야 한다. 다행히도 교정은 그리 어렵지 않다. 단지 kilo.js를 열어서 document ready function에 다음 코드를 추가한다.

```
if (typeof(PhoneGap) != 'undefined') {
    $('body > *').css({minHeight: '460px !important'});
}
```

Xcode에서 PhoneGap 프로젝트를 열어 Xcode에 내장된 에디터로 시도해볼 수도 있다. Xcode에서 kilo.js 파일을 편집하기 위해서는 Xcode 윈도우의 왼쪽에 있는 Groups & Flies 패널에 PhoneGap 그룹이 열려있는지 먼저 확인한다. www 폴더를 펼친 후 kilo.js 파일을 클릭하여 Xcode 에디터에 연다.

PhoneGap 객체가 정의되었다는 것을 확인하기 위해 이 코드는 typeof 연산자를 사용한다. 이 코드가 PhoneGap의 내부에서 실행된다면 이 조건은 true로 평가된다. 코드가 웹 애플리케이션으로 시작된다면 PhoneGap 객체는 정의되지 않고 조건은 false로 평가된다.

애플리케이션이 PhoneGap으로 시작될 때 HTML body 엘리먼트의 직속 차일드의 height가 최소 460px이 되도록 하였다. 이 선언이 효력을 발생하는 지를 확인하기 위해 stylesheets 이외의 곳에서 어느 상반되는 명령들을 오버라이드하는 !important 지시자를 추가했다. 이제 애플리케이션이 시작될 때 윈도우에 완전히 꽉 찰 것이다(그림 7-9).

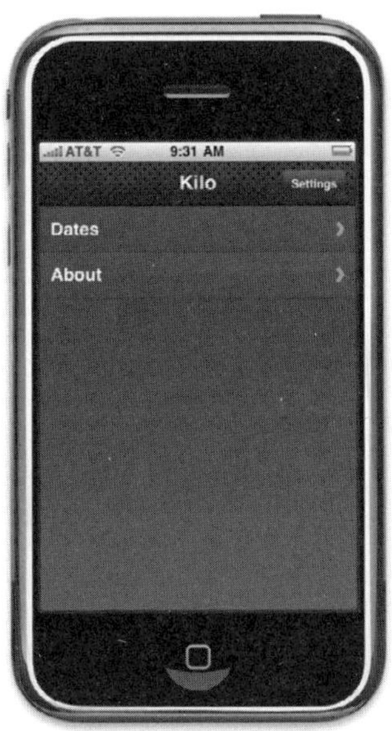

[그림 7-9] body의 height가 420px에서 460px로 변경된 후 애플리케이션은 전 화면을 채운다.

Title과 Icon 사용자 정의하기

다음은 애플리케이션의 이름과 아이콘을 바꿀 필요가 있다. PhoneGap 애플리케이션은 기본적으로 "PhoneGap"이라는 이름과 사다리 모양의 파란색 아이콘을 가지고 있다.

[그림 7-10] 애플리케이션의 기본 이름과 아이콘

Home screen에서 애플리케이션 이름을 변경하기 위해서 Finder에 있는 PhoneGap. xcodeproj 파일을 더블클릭하여 Xcode에 프로젝트를 연다. 일단 파일이 열리면 Groups & Files 패널에서 PhoneGap→Config→Info.plist로 이동한다. Info.plist 파일은 윈도우의 오른쪽 아래에 나타난다.

Bundle display name이 PhoneGap으로 설정되어 있는 것을 볼 수 있다(그림 7-11). PhoneGap을 더블클릭해서 이름을 Kilo로 바꾼다(그림 7-12). 그런 다음 파일을 저장하고 프로젝트를 clean한 후(Build→Clean을 클릭) Build and Run 버튼을 클릭한다. 아이폰 Simulator는 애플리케이션을 열어서 실행한다. Home screen으로 되돌아가기 위해서 simulator에 있는 home 버튼을 클릭하면 애플리케이션 이름이 PhoneGap에서 Kilo로 변경된 것을 확인할 수 있다(그림 7-13).

다음은 PhoneGap이 기본적으로 제공하는 아이콘을 사용자 정의 아이콘으로 변경한다(그림 7-10). 애플리케이션 icon과 Web Clip icon을 위한 파일 형식은 모두 57px×57px PNG 이다. 그래서 여러분은 "Home Screen에 Icon 추가하기" 섹션에서 home screen icon으로 생성한 똑같은 웹 애플리케이션 아이콘을 사용할 수 있다.

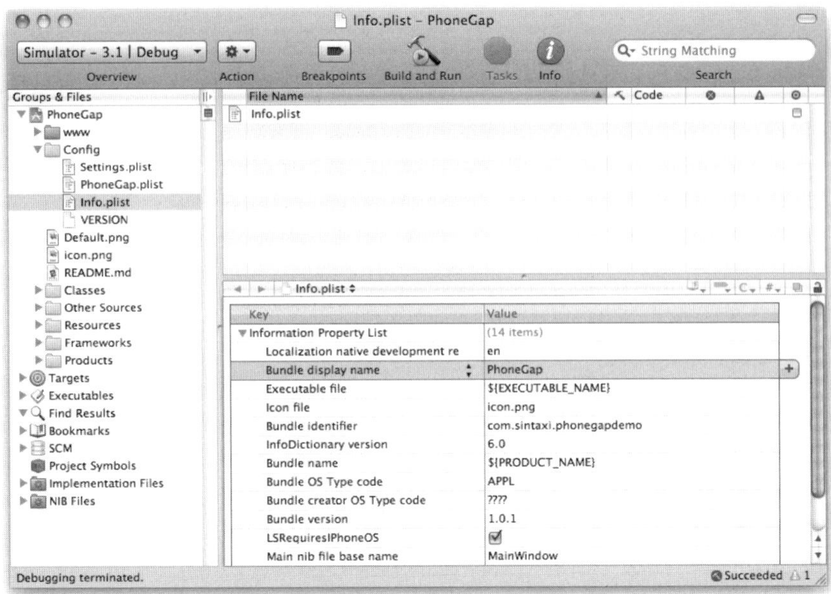

[그림 7-11] Xcode에 bundle display name이 PhoneGap으로 되어있다.

[그림 7-12] Bundle display name을 우리가 만든 애플리케이션 이름(Kilo)으로 설정한다.

[그림 7-13] 아이폰 home screen에 새 bundle display name이 표시된다.

애플리케이션 아이콘과는 다르게 Web Clip icon으로는 jQTouch에서 `addGlossToIcon` 설정을 토글링하여 그래픽에 광택을 추가하는 것을 막을 수 있다; `addGlossToIcon` 설정은 PhoneGap에서는 아무 효과가 없다. PhoneGap에 있는 아이콘에 광택 추가를 막기 위해서 메인 Xcode 윈도우의 Groups & Files 패널에서 Config/Info.plist을 선택하고 Info.plist에서 `UIPrerenderedIcon` 옆에 있는 박스를 체크한다(Info.plist에 다음을 추가해야 할 수도 있다. 다음 지침을 참조하기 바란다).

Info.plist에 설정 추가하기

Info.plist에서 `UIPrerenderedIcon` 옵션이 보이지 않는다면 Info.plist에 다음 단계들을 추가한다.

1. 메인 Xcode 윈도우의 Groups & Files 패널에서 Config/Info.plist을 선택한다(그림 7-14).
2. 팝업 메뉴를 보여주기 위해 Info.plist의 마지막 항목에서 control-click이나 right-click을 한다.
3. 팝업 메뉴에서 Add Row를 선택한다(그림 7-15).
4. Key 필드에 UIPrerenderedIcon을 입력한다(그림 7-16).
5. 항목을 지장히기 위해 Enter 키를 누른다. 그 행이 하이라이트 되어 보이게 될 것이다(그림 7-17).
6. 팝업 메뉴를 다시 보기 위해 하이라이트된 행에서 control-click이나 right-click을 한 후 Value Type 의 서브 메뉴에서 Boolean을 선택한다(그림 7-17). 하나의 체크박스가 Value 칼럼에 나타난다.

---

7. Xcode가 아이콘에 광택을 추가하지 않도록 체크박스에 체크한다(그림 7-18).

프로젝트를 clean하고 Build and Run 하면 아이콘이 광택 효과가 추가되지 않은 채 나타난다.

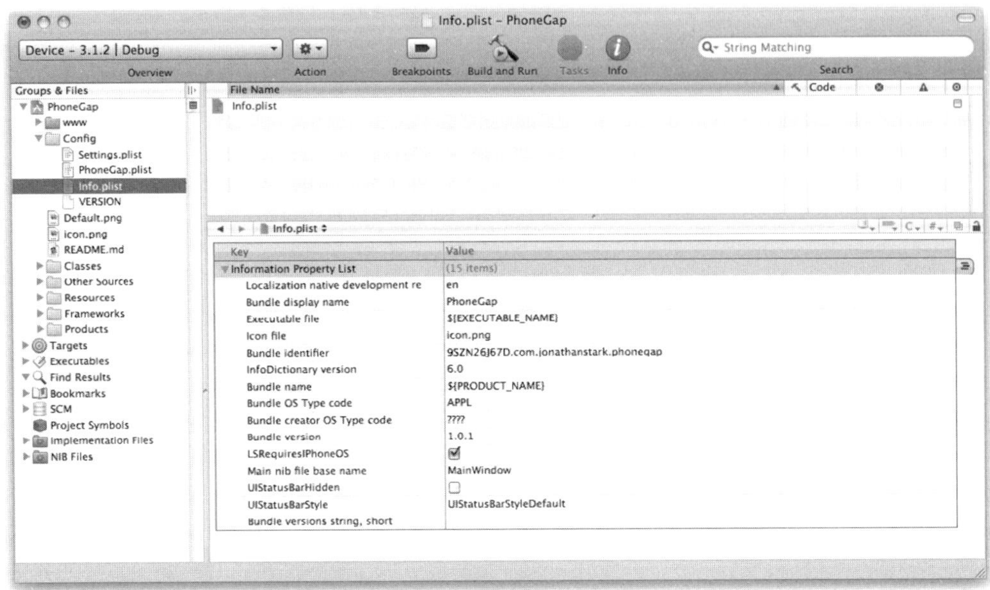

[그림 7-14] 메인 Xcode 윈도우의 Groups & Files 패널에서 Config/Info.plist을 선택한다.

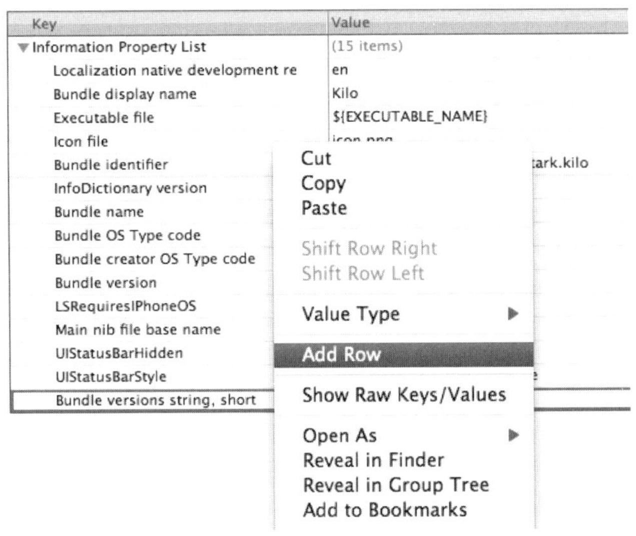

[그림 7-15] 팝업 메뉴에서 Add Row을 선택한다.

Key	Value
▼ Information Property List	(16 items)
Localization native development re	en
Bundle display name	Kilo
Executable file	${EXECUTABLE_NAME}
Icon file	icon.png
Bundle identifier	9SZN26J67D.com.jonathanstark.kilo
InfoDictionary version	6.0
Bundle name	${PRODUCT_NAME}
Bundle OS Type code	APPL
Bundle creator OS Type code	????
Bundle version	1.0.1
LSRequiresIPhoneOS	☑
Main nib file base name	MainWindow
UIStatusBarHidden	☐
UIStatusBarStyle	UIStatusBarStyleBlackOpaque
Bundle versions string, short	
UIPrerenderedIcon	

[그림 7-16] Key 필드에 UIPrerenderedIcon을 입력한다.

Key	Value
▼ Information Property List	(16 items)
Localization native development re	en
Bundle display name	Kilo
Executable file	${EXECUTABLE_NAME}
Icon file	icon.png
Bundle identifier	9SZN26J67D.com.jonathanstark.kilo
InfoDictionary version	6.0
Bundle name	${PRODUCT_NAME}
Bundle OS Type code	APPL
Bundle creator OS Type code	????
Bundle version	1.0.1
LSRequiresIPhoneOS	☑
Main nib file base name	MainWindow
UIStatusBarHidden	☐
UIStatusBarStyle	UIStatusBarStyleBlackOpaque
Bundle versions string, short	
UIPrerenderedIcon	

[그림 7-17] Key 필드에 입력한 항목을 저장하기 위해 Enter 키를 누른다.

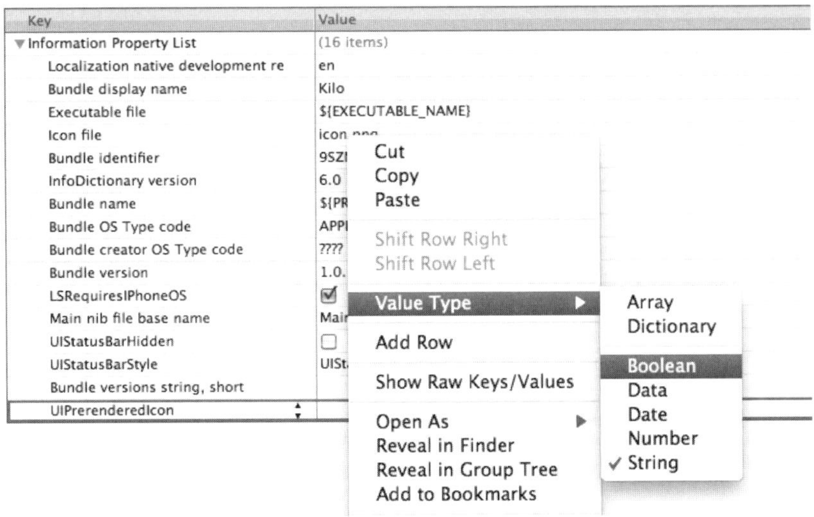

[그림 7-18] Value Type의 서브 메뉴에서 Boolean을 선택한다.

Key	Value
▼ Information Property List	(16 items)
Localization native development re	en
Bundle display name	Kilo
Executable file	${EXECUTABLE_NAME}
Icon file	icon.png
Bundle identifier	9SZN26J67D.com.jonathanstark.kilo
InfoDictionary version	6.0
Bundle name	${PRODUCT_NAME}
Bundle OS Type code	APPL
Bundle creator OS Type code	????
Bundle version	1.0.1
LSRequiresIPhoneOS	☑
Main nib file base name	MainWindow
UIStatusBarHidden	☐
UIStatusBarStyle	UIStatusBarStyleBlackOpaque
Bundle versions string, short	
UIPrerenderedIcon	☑

[그림 7-19] Xcode가 아이콘에 광택을 추가하지 않도록 체크박스에 체크한다.

기본 PhoneGap home screen 아이콘은 이름이 icon.png이고 PhoneGap의 iphone 디렉터리에 있다(그림 7-20). 기본 아이콘 파일을 사용자 정의 파일로 대체하고(그림 7-21과 그림 7-22) 프로젝트를 clean 한 후(Build→Clean 클릭) Build and Run 버튼을 클릭한다. 아이폰 Simulator는 애플리케이션을 열고 실행시킨다. Home screen으로 되돌아오기 위해 simulator에서 home 버튼을 클릭하면 애플리케이션 아이콘은 분홍색 배경에 초콜릿으로 덮인 도넛 모양으로 변경되어 있다(그림 7-23).

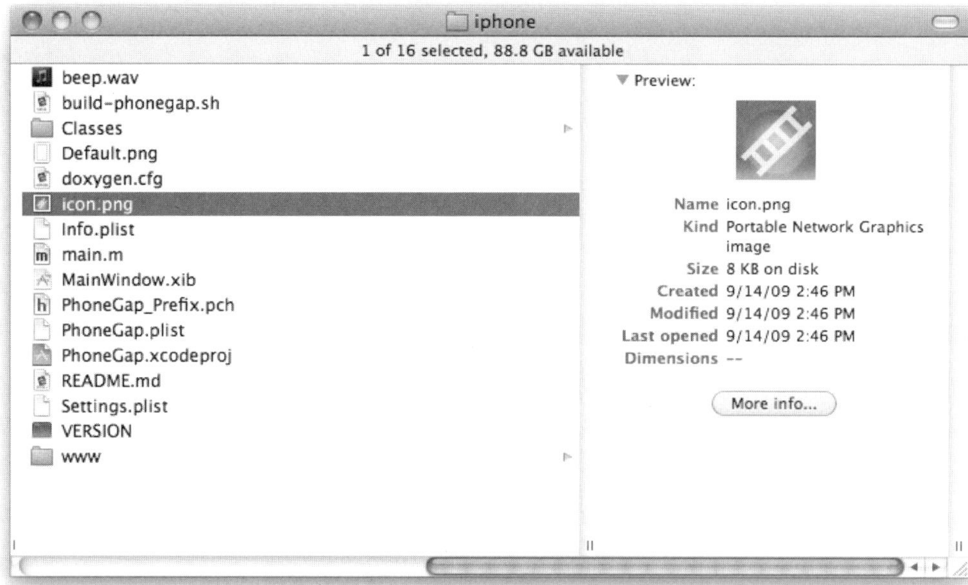

[그림 7-20] 기본 home screen 아이콘은 파란색 배경에 하얀색 사다리 모양이다.

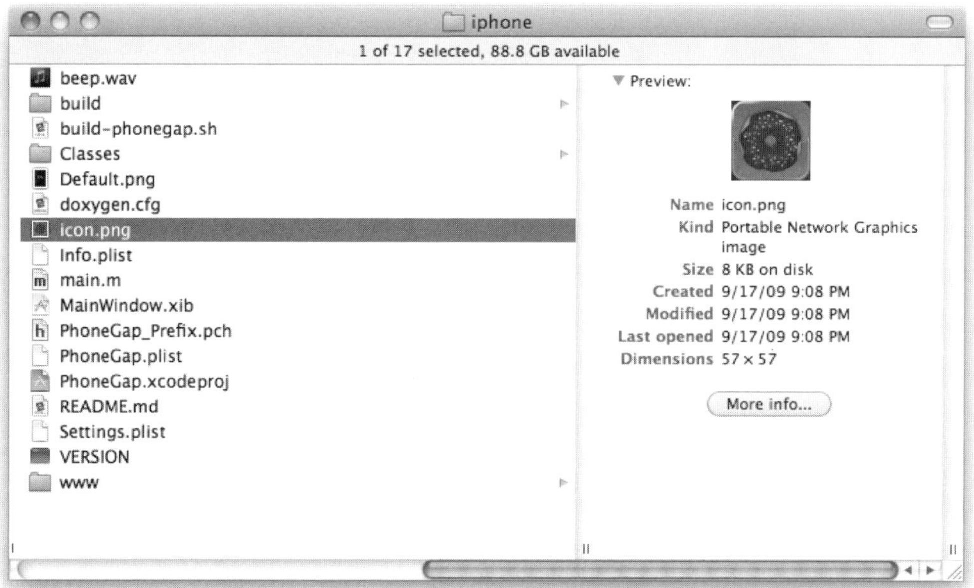

[그림 7-21] 사용자 home screen 아이콘은 분홍색 배경에 초콜릿으로 덮인 도넛 모양이다.

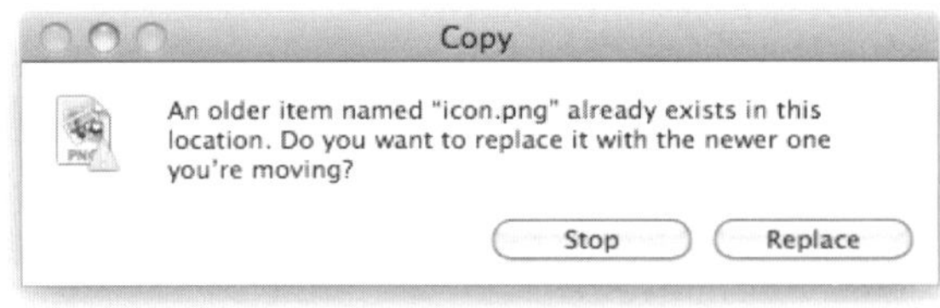

[그림 7-22] iphone 디렉터리에 있는 icon.png를 우리가 만든 57px × 57px png 그래픽으로 대체한다.

[그림 7-23] 사용자 애플리케이션 아이콘이 아이폰 home screen에 나타난다.

시작 화면 만들기

이번에는 기본 PhoneGap에서 시작 화면을 바꾸어 보도록 하겠다(그림 7-24). "사용자 정의 시작 그래픽 제공하기" 섹션에서 여러분은 웹 어플리케이션이 home screen에 있는 Web Clip icon에서 full screen 모드로 시작 될 때 시작 화면으로 제공하기 위해 PNG 파일을 생성했다.

[그림 7-24] 애플리케이션의 기본 시작 그래픽을 바꿀 필요가 있다.

회색이나 검은색의 상태 바를 가진 full-screen 웹 애플리케이션을 위해 320px×460px 크기의 그래픽이 필요하다. 그리고 반투명한 검은색의 상태 바를 사용하는 애플리케이션을 위해서는 320px×480px 크기의 그래픽이 필요하다(20 픽셀 높다).

PhoneGap으로는 어떤 타입의 상태 바를 사용하는지와 상관없이 시작 화면은 크기가 320px×480px 이어야 한다. 그래서 320px×460px full-screen 그래픽을 만든다면 높이에 20px을 추가해야 한다.

기본 PhoneGap 시작 그래픽의 이름은 Default.png이고 PhoneGap의 iphone 디렉터리에 있다(그림 7-25). 그림 7-27에 보이는 것처럼 기본 시작 그래픽을 우리가 만든 그래픽으로 대체한다(그림 7-26과 그림 7-27). 그리고 프로젝트를 clean한 후 Build and Run 버튼을 클릭한다. 아이폰 Simulator는 애플리케이션을 열어서 실행한다. 그러면 그림 7-28에서처럼 우리가 만든 그래픽이 보인다.

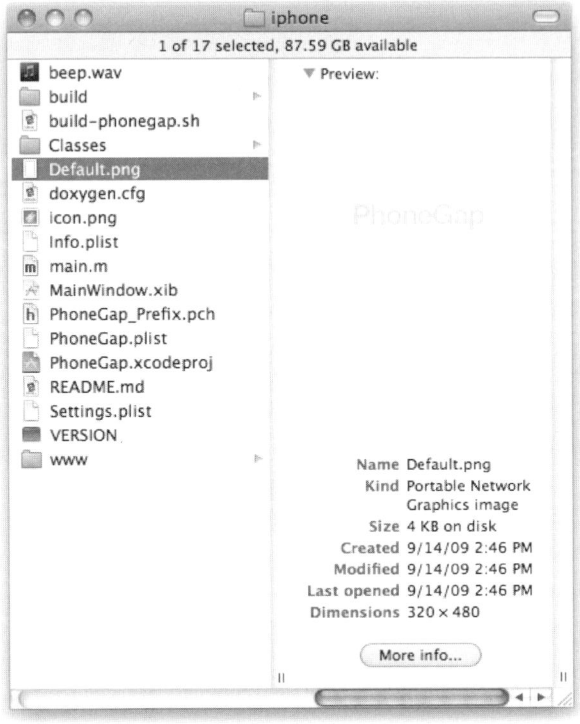

[그림 7-25] 기본 시작 그래픽은 하얀 배경에 회색 텍스트로 "PhoneGap"이라고 쓰여 있다.

아이폰에 우리가 만든 애플리케이션 인스톨하기

다음 섹션에서, 우리는 Kilo 예제 애플리케이션에 sound(소리), vibration(진동), alerts(경고발생) 및 더 많은 기능을 추가할 것이다. 이러한 기능들의 일부는 아이폰 Simulator에서 테스트할 수 없다. 그래서 Simulator에서 테스트가 불가능한 기능은 실제 아이폰에 Kilo를 인스톨하여 테스트해야 한다.

[그림 7-26] 우리가 만든 시작 그래픽은 검은색 배경에 회색 텍스트로 "Kilo"라고 쓰여 있다.

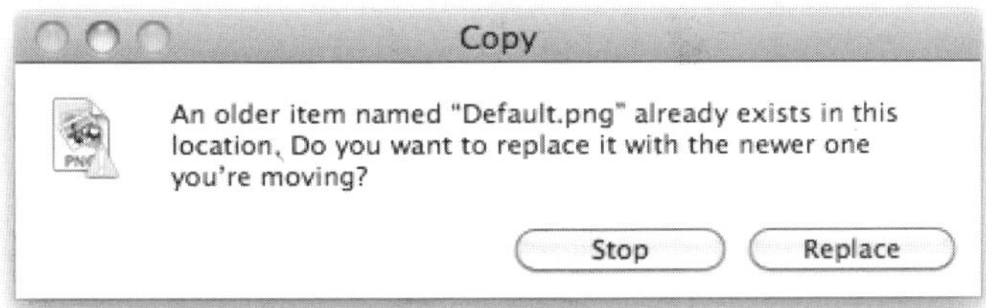

[그림 7-27] 아이폰 디렉터리에 있는 Default.png을 우리가 만든 320px×480px PNG 그래픽으로 대체한다.

[그림7-28] 우리가 만든 시작 그래픽이 애플리케이션이 시작될 때 나타난다.

아이폰에 애플리케이션을 설치하려면 Apple이 애플리케이션, 폰 및 개발자 모두를 고유하게 식별할 수 있도록 해야 한다. 이 세 가지 데이터는 우리가 Xcode에 추가할 "provisioning profile"이라는 이름으로 하나의 파일에 결합된다.

Provisioning profile을 만들기 위해서 우선 아이폰 개발자 프로그램의 회원이 되어야 한다. 그런 후에 아이폰 개발자 사이트(http://developer.apple.com/iphone/)의 아이폰 개발자 프로그램 포털 섹션에 있는 Development Provisioning Assistant(DPA)를 실행시킨다. 우리는 Keychain Access 애플리케이션(/Applications/Utilities에 있다)으로 두 가지 일을 할 것이다. 하나는 certificate signing requests를 만드는 것이고 다른 하나는 포털에서 우리 자신의 keychain으로 다운로드받은 인증서에 서명하는 것이다. DPA는 우리가 provisioning profile을 만들어서 인스톨하는 데 필요한 단계들을 잘 밟을 수 있도록 편리한 기능을 제공한다. 그래서 자세한 설명은 생략하고 몇 가지 주요 사항만 집고 넘어 가겠다.

- 저자는 처음 아이폰 개발을 시작했을 때 일단 작업 방법을 이해하고 나면 수정하거나 삭제할 생각으로 프로그램 포털에 몇 개의 테스트 애플리케이션 ID를 만들었다. 이것은 실수였다. 애플리케이션 ID는 수정하거나 삭제할 수 없다. 그래서 2년 후에도 여전히 저자는 개발자 포털에 로그인 했을 때 "JSC Temp App ID"에서 시작하고 있다. 여러분은 저자

와 같은 황당한 실수를 하지 않길 바란다.

■ DPA에 간략하고 명료하게 기입한다. 설명이 너무 애매모호하면 더 많은 아이템들을 추가할 때 혼돈하게 될 것이다. 그리고 설명이 너무 길면 online 인터페이스에서 설명의 뒷부분이 잘리게 된다. 최대 약 20자를 유지하도록 한다.

■ 애플리케이션의 ID 설명을 입력할 때는 단지 애플리케이션의 이름만 사용한다(App Store에 동시에 여러 버전을 제공할 계획이라면 버전 번호도 함께 포함시킨다—예: Kilo2).

■ 장치 설명을 입력할 때는 장치의 타입(iPhone, iPod touch 등)과 하드웨어 버전(1G, 2G, 3G, 3GS 등)을 포함시킨다. OS 버전은 포함시키지 않는다. 왜냐하면 OS 버전이 바뀌면 provisioning profile은 더 이상 무효하기 때문이다. 애플리케이션의 베타 버전을 만들어 테스터들이 사용할 수 있게 하려면 각 테스터들에 대한 식별자를 포함시켜야 한다(예: 이니셜을 사용할 수 있다. ELS iPhone 3GS, JSC iPhone 2G, JSC iPhone 3G, JSC Touch 1G 등).

■ Profile 설명을 입력할 때는 애플리케이션의 이름과 타겟 장치를 결합한다(예: Kilo2 on JSC iPhone 3GS).

일단 provisioning profile을 만들었으면 그것을 다운로드 받고 장치에서 사용할 수 있도록 Xcode의 아이콘에 드래그한다. 그러면 Organizer 윈도우가 열린다. 여러분이 다중 애플리케이션이나 다중 장치를 가지고 있거나 또는 둘 다 가지고 있을 경우에는 Xcode에 보이는 각 결합에 대한 하나의 provisioning profile을 가지게 된다(그림 7-29).

이제 provisioning profile은 Xcode에서 사용 가능하여 애플리케이션의 Bundle identifier를 갱신할 필요가 있다. Xcode Organizer 윈도우에서 알맞은 provisioning profile을 선택하고 애플리케이션 식별자를 복사한다(그림 7-30).

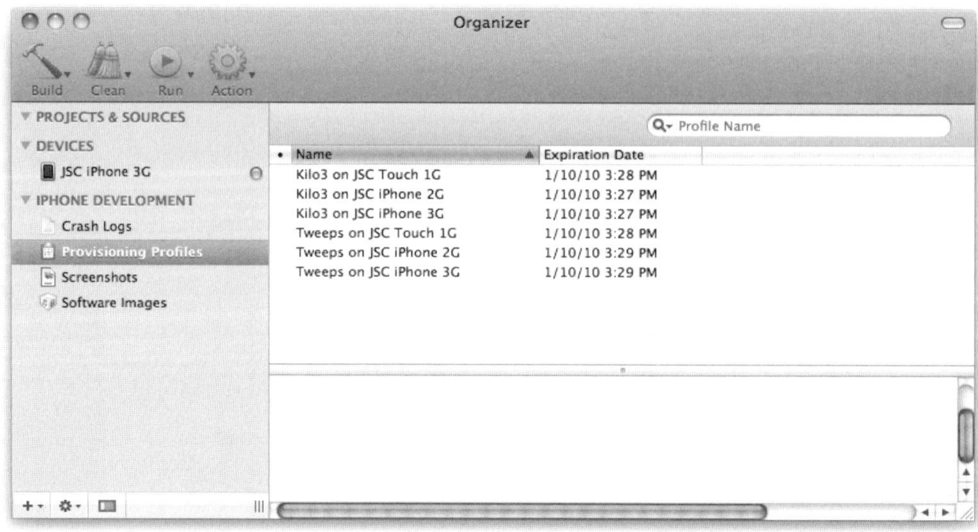

[그림 7-29] Xcode에 로드된 여러 개의 provisioning profile이다.

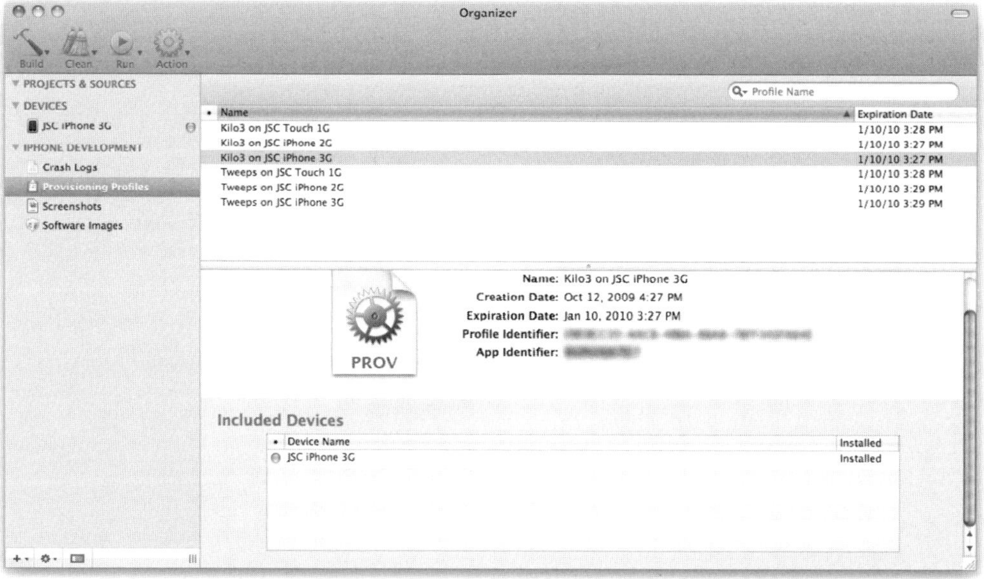

[그림 7-30] Xcode Organizer 윈도우에서 여러분의 애플리케이션 식별자를 알아내기 위해서
여러분의 애플리케이션/장치가 결합된 이름의 provisioning profile을 선택한다.

다음은 메인 Xcode 윈도우의 Groups & Files 패널에서 PhoneGap→Config→Info.plist
를 클릭하여 애플리케이션의 식별자를 Bundle identifier 필드에 붙여넣기한다. 여러분의
애플리케이션 식별자가 애스터리크(*)로 끝나면 이 애스터리크를 역 도메인 네임 스타일의
문자열로 대체한다. 예를 들면 com.jonathanstark.kilo와 같이 변경한다(그림 7-31).

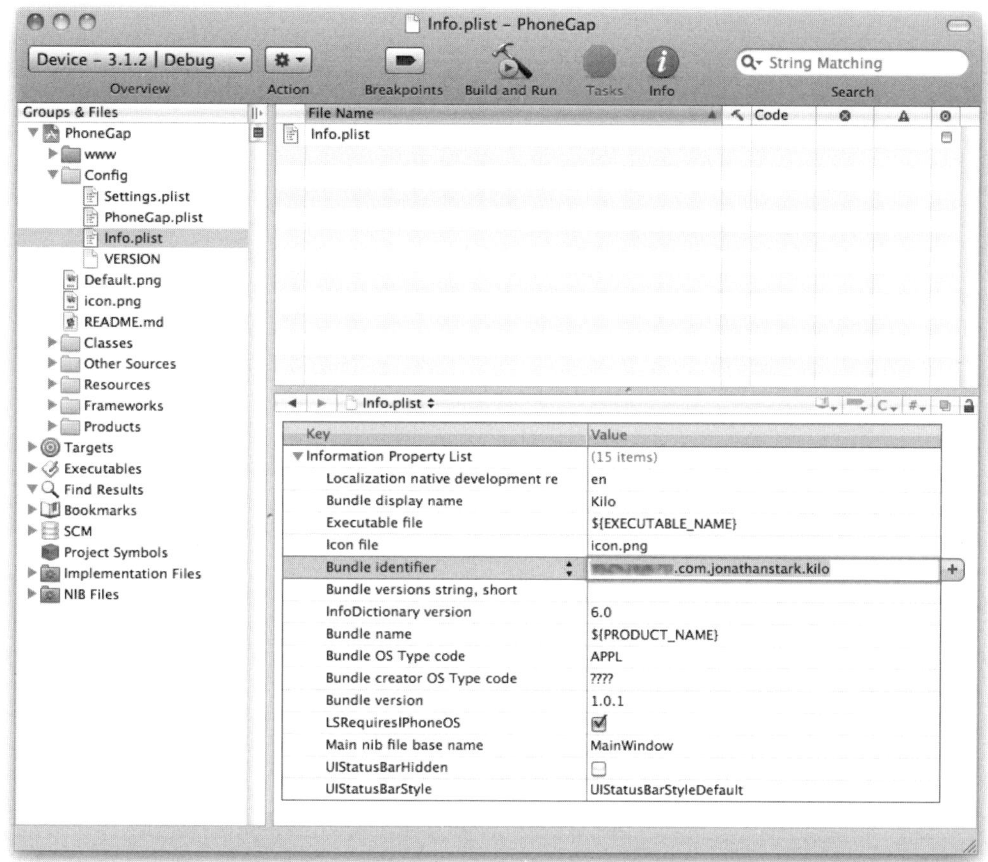

[그림 7-31] Bundle identifier 필드에 애플리케이션 식별자를 붙여넣기 하고
애스터리크를 역 도메인 네임 스타일의 문자열로 대체한다.

이제, 컴퓨터에 아이폰을 연결하고 활성화된 SDK를 따라 아이폰 장치 옵션을 선택한다(그림
7-32). 아이폰에서 실행되고 있는 아이폰 OS의 버전과 맞는 아이폰 장치 버전을 선택했는지
확인한다(이 책을 쓸 때의 가상 최신 버전은 3.1.2이다). Info.plist 파일을 저장하고 프로젝트를
clean(Build→Clean 클릭)한 후 Build and Run 버튼을 클릭한다. 약 20초 후 애플리케이

션이 아이폰에 실행된다. 애플리케이션이 처음 실행될 때는 codesign application이
keychain에 접근하는 것을 허가하기 위한 프롬프트가 뜬다. 그리고 아이폰에 provisioning
profile을 인스톨하기 위한 프롬프트가 또 뜬다. 이 과정에 에러가 없으면 Xcode를 재실행
시켜서 다시 시도해본다.

활성화된 아이폰에 애플리케이션이 실행되고 있다. 다음은 몇 개의 장치에 따른 기능을 추가
해보자.

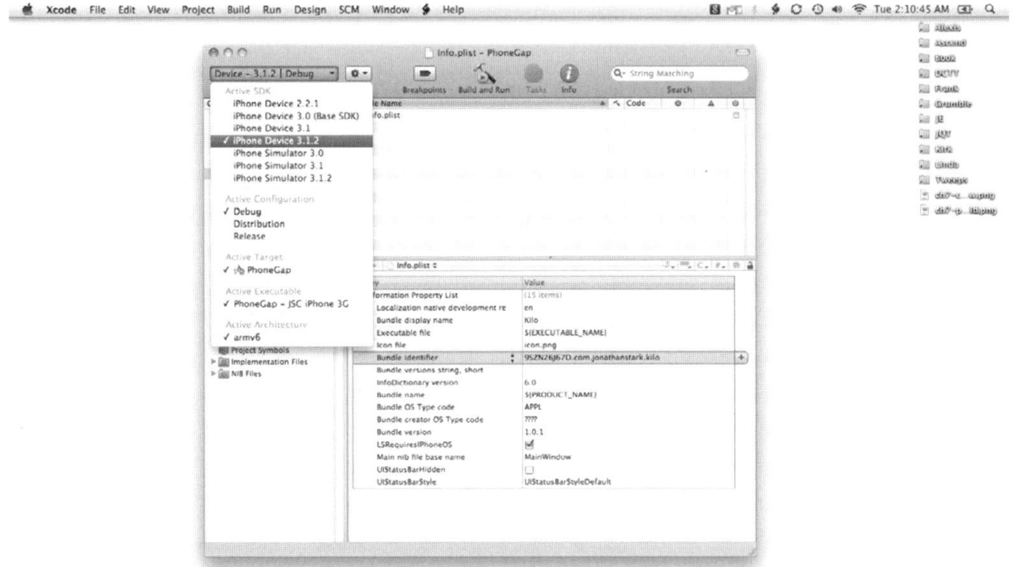

[그림 7-32] 활성화된 SDK에서 장치 3.1.2를 선택한 후 아이폰에 애플리케이션을 인스톨하고
실행시키기 위해 Build and Run을 클릭한다.

JavaScript로 아이폰 제어하기

Native 장치 기능을 호출하여 우리의 애플리케이션을 더욱 향상시킬 수 있는 토대가 이미 마
련되어 있다. PhoneGap은 JavaScript를 통해 특정 기능을 노출시켜서 이를 가능하게 만든
다. 폰을 진동으로 하기 위해서 코드에 약간의 JavaScript를 추가하면 된다. 예를 들면,

```
navigator.notification.vibrate();
```

매우 간단하다.

Beep, Vibrate, Alert

PhoneGap은 beep, vibrate, alert 기능들을 간단히 만들 수 있다. 그래서 이들을 하나의 예
제에 같이 묶어서 만들고자 한다. 특히, 사용자가 일일 칼로리 계획을 초과했을 때 애플리케
이션이 '삐' 소리를 내거나 진동이 울리거나 경고 창이 뜨도록 설정하려고 한다. 먼저, kilo.js
의 끝에 다음 함수를 추가한다.

```
function checkBudget() {❶
    var currentDate = sessionStorage.currentDate;
    var dailyBudget = localStorage.budget;
    db.transaction(❷
        function(transaction) {
            transaction.executeSql(❸
                'SELECT SUM(calories) AS currentTotal FROM entries WHERE date = ?;',❹
                [currentDate],❺
                function (transaction, result) {❻
                    var currentTotal = result.rows.item(0).currentTotal;❼
                    if (currentTotal > dailyBudget) {❽
                        var overage = currentTotal - dailyBudget;❾
                        var message = 'You are '+overage
                        + ' calories over your daily budget.
                        + ' Better start jogging!';❿
                        try {⓫
                            navigator.notification.beep();
                            navigator.notification.vibrate();
                        } catch(e){
                            // No equivalent in web app
                        }
                        try {⓬
                            navigator.notification.alert(message,
                                'Over Budget', 'Dang!');
                        } catch(e) {
                            alert(message);
                        }
                    }
```

```
            },
            errorHandler⑬
        );
    }
);
}
```

자세한 설명은 다음과 같다.

❶ checkBudget() 함수를 연다. currentDate 변수를 sessionStorage에 저장된 값으로 초기화하고(즉, Settings 패널에서 사용자에 의해 입력된 값) dailyBudget 변수를 localStorage에 저장된 값으로 초기화한다(즉, Dates 패널에서 탭된 날짜).

❷ 현재 날짜에 대한 총 칼로리를 미리 산출하는 database 트랜잭션을 시작한다.

❸ 트랜잭션 객체의 executeSql() 메서드를 실행시킨다.

executeSql() 메서드의 네 개의 파라미터를 분석해보자.

❹ 첫 번째 파라미터는 SQL 문장이다. 이 SQL 문은 현재 날짜와 일치하는 항목들에 대한 calories 컬럼에 있는 모든 값들을 더하는 SUM 함수를 사용한다.

❺ 두 번째 파라미터는 하나의 값을 갖는 배열이다. 이는 첫 번째 파라미터인 SQL 문에 있는 물음표를 대체한다.

❻ 세 번째 파라미터는 익명의 함수이다. 이 함수는 SQL 쿼리가 성공적으로 완료되면 호출된다(이를 자세히 살펴보겠다).

다음은 세 번째 파라미터로 전달된 익명의 함수에서 처리되는 과정이다.

❼ 결과의 첫 행에서 current total을 가져온다. 우리는 컬럼의 합계만을 요구했기 때문에 database는 단지 한 행을 리턴한다(즉, 이 쿼리의 결과는 항상 한 행이다). 결과 세트의 레코드들은 result 객체의 rows 속성인 item() 메서드로 접근된다. 그리고 rows 인덱스는 0부터 시작한다(첫 번째 row의 인덱스는 0이라는 의미이다).

❽ 그날의 현재 섭취한 칼로리 합계가 Settings 패널에 명기한 일일 계획을 초과했는지의 여부를 체크한다. 조건이 참일 경우 이후 블록을 실행한다.

❾ 사용자가 계획보다 얼마나 많이 칼로리를 초과했는지 계산한다.

❿ 사용자에게 보여줄 메시지를 구성한다.

⓫ 이는 navigator notification 객체의 beep()와 vibrate() 메서드 호출을 시도하는 try/catch 블록이다. 이 메서드들은 PhoneGap에만 존재한다. 그래서 사용자가 브라우저에서 이 애플리케이션을 실행한다면 이 메서드들은 호출되지 않고 실행이 catch 블록으로 점프한다. 브라우저 기반에서는 beep와 vibrate와 동일한 메서드가 없기 때문에 catch 블록은 비어둔다.

PhoneGap beep() 메서드는 호출될 때 .wav 파일을 실행시킨다. 이 파일 이름은 beep.wav이고 iphone 디렉터리에 있다(그림 7-33). 기본 파일은 일종의 귀뚜라미 소리가 나는데 대부분의 상황에서 무난하다. 자신만의 Beep 소리를 주고 싶다면 beep.wav 파일을 새로 만들어서 iphone 디렉터리에 있는 기존 beep.wav 파일을 대체한다.

⓬ 이는 navigator notification 객체의 alert() 메서드 호출을 시도하는 try/catch 블록이다. 이 메서드들은 PhoneGap에만 존재한다. 그래서 사용자가 브라우저에서 이 애플리케이션을 실행한다면 이 메서드들은 호출되지 않고 실행이 catch 블록으로 점프한다. 브라우저 기반에서 PhoneGap의 alert 메서드와 동일한 것은 fallback으로 호출되는 표준 JavaScript alert이다.

PhoneGap의 alert과 native JavaScript alert 사이에 몇 가지 차이점이 있다. 예를 들어 PhoneGap alert은 타이틀과 버튼 레이블을 바꿀 수 있다(그림 7-34). JavaScript alert 은 변경할 수 없다(그림 7-35).

또 두 alert 사이에 더 미묘한 차이점이 있다. native JavaScript alert은 모들(Modal)이고 PhoneGap alert는 그렇지 않다. 즉, native alert을 호출하는 시점에서 스크립트 실행이 일시 정지 되는 반면 PhoneGap 버전에서는 실행이 계속 진행된다. 이는 어플리케이션의 특성에 따라 중요한 사안일 수도 있고 아닐 수도 있으니 이 차이를 잘 기억해두기 바란다.

⓭ 네 번째 파라미터는 SQL 에러 이벤트에서 호출되는 일반적 SQL 에러 핸들러의 이름이다.

checkBudget() 함수가 완료되던 createEntry() 함수의 success callback에 한 라인을 추가하여 checkBudget() 함수를 호출 할 수 있다.

```javascript
function createEntry() {
    var date = sessionStorage.currentDate;
    var calories = $('#calories').val();
    var food = $('#food').val();
    db.transaction(
        function(transaction) {
            transaction.executeSql(
                'INSERT INTO entries (date, calories, food) VALUES (?, ?, ?);',
                [date, calories, food],
                function(){
                  refreshEntries();
                  checkBudget();
                  jQT.goBack();
                },
                errorHandler
            );
        }
    );
    return false;
}
```

이렇게 변경한 후 kilo.js 파일을 저장한다. 그리고 프로젝트를 clean(Build→Clean)한 다음 Build and Run 버튼을 클릭한다.

[그림 7-33] PhoneGap beep() 메서드는 iphone 디렉터리에서 beep.wav 파일을 실행시킨다.

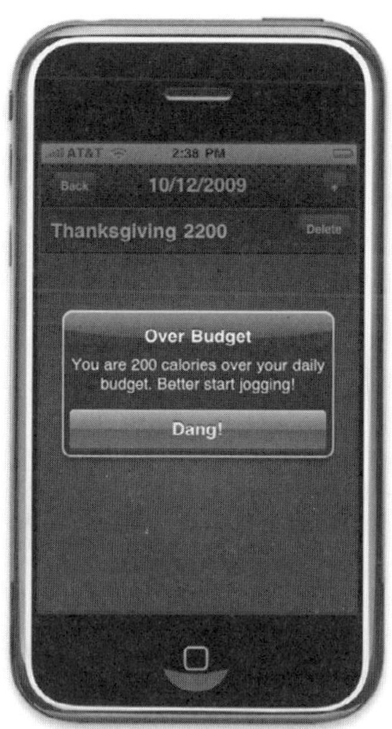

[그림 7-34] PhoneGap alert은 타이틀과 버튼 레이블을 원하는 문자열로 바꿀 수 있다.

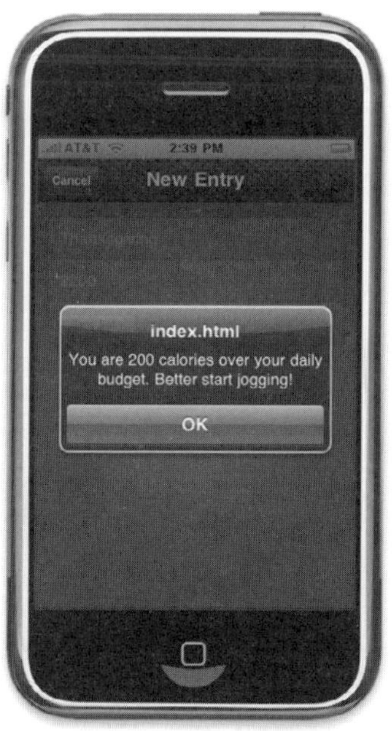

[그림 7-35] Native JavaScript alert은 타이틀과 버튼 레이블에 원하는 문자열을 출력할 수 없다.

Geolocation

항목들이 생성된 위치를 저장하기 위해 Kilo를 수정한다. 내장된 Map 애플리케이션을 열기 위한 "Map Location"을 추가하고 항목이 생성된 위치에 핀을 꽂을 것이다.

첫 번째 단계는 database에 정보를 저장하기 위한 위도와 경도 컬럼을 추가하는 것이다. kilo.js에 CREATE TABLE 문을 다음과 같이 변경한다:

```
db.transaction(
    function(transaction) {
        transaction.executeSql(
            'CREATE TABLE IF NOT EXISTS entries ' +
            '   (id INTEGER NOT NULL PRIMARY KEY AUTOINCREMENT, ' +
            '   date DATE NOT NULL, food TEXT NOT NULL, ' +
            '   calories INTEGER NOT NULL, ' +
            '   longitude TEXT NOT NULL, latitude TEXT NOT NULL);"
        );
    }
);
```

다음은 처음 "행 삽입하기" 섹션에서 보았던 createEntry() 함수를 폰의 현재 위도와 경도를 결정하는 지리적 위치 기능을 사용하기 위해 다시 작성할 것이다. kilo.js에 있는 기존의 createEntry() 함수를 다음과 같이 수정한다.

```
function createEntry() {❶
    try {❷
        navigator.geolocation.getCurrentPosition(❸
            function(position){❹
                var latitude = position.coords.latitude;❺
                var longitude = position.coords.longitude;
                insertEntry(latitude, longitude);❻
            },
            function(){❼
                insertEntry();❽
            }
        );
    } catch(e) {❾
        insertEntry();❿
    }
```

```
    return false;⓫
}
```

❶ createEntry() 함수를 시작한다.

❷ 이 코드가 PhoneGap 이외에서 실행된다면 navigator.geolocation 호출은 실패하기 때
문에 try 블록을 사용한다.

❸ geolocation 객체의 getCurrentPosition() 함수를 호출하고 이 함수에 두 callback 함수
를 전달한다 : 하나는 success일 경우 실행될 함수이고, 하나는 error일 경우 실행될 함수
이다.

❹ Success callback 함수의 시작이다. 단 하나의 파라미터만(position) 받는다는 것에 유
의한다.

❺ 이 두 라인은 position 객체의 latitude와 longitude의 값을 객체 이외의 변수에 저장해
둔다.

❻ insertEntry() 함수에 latitude와 longitude를 파라미터로 전달한다. 이 함수는 계속 보
게 될 것이다.

❼ Error callback 함수의 시작이다.

❽ Error callback 함수 내에 있는 함수이기 때문에 이 함수는 geolocation이 실패했을 경
우에만 호출된다(아마도 사용자는 프롬프트 때에 애플리케이션이 그의 위치에 접근하는 것을
허용하지 않을 것이다). 그래서 파라미터가 없는 insertEntry() 함수를 호출한다.

❾ catch 블록의 시작이다.

❿ catch 블록 내에 들어왔기 때문에 navigator.geolocation 호출을 실패했음을 의미한다.
그래서 파라미터가 없는 insertEntry() 함수를 호출한다.

⓫ Form의 submit 버튼 클릭의 기본 검색 동작을 막기 위해 false를 리턴한다.

SQL INSERT 문이 어디로 갔는지 의아할 것이다. insertEntry() 함수를 자세히 보기 바란다.
이 새로운 함수는 database에 항목을 생성하는 것이나. kilo.js에 다음을 추가하자.

```
function insertEntry(latitude, longitude) {❶
    var date = sessionStorage.currentDate;❷
    var calories = $('#calories').val();❸
    var food = $('#food').val();❹
    db.transaction(❺
        function(transaction) {❻
            transaction.executeSql(❼
                'INSERT INTO entries (date, calories, food, latitude, longitude) ' +
                    'VALUES (?, ?, ?, ?, ?);',❽
                [date, calories, food, latitude, longitude],❾
                function(){❿
                    refreshEntries();
                    checkBudget();
                    jQT.goBack();
                },
                errorHandler⓫
            );
        }
    );
}
```

❶ insertEntry() 함수의 시작이다. 함수 내에서 사용할 latitude와 longitude 값을 전달받
는다. JavaScript에서 선택적으로 파라미터를 명백하게 표시하는 방법은 비록 없지만 이
값들이 전달되지 않는다면 값은 간단하게 정의되지 않을 것이다.

❷ sessionStorage에서 currentDate 값을 가져온다. 사용자가 Date 패널을 탐색하기 위해
Dates 패널의 항목을 탭했을 때 이 값이 설정된다는 것을 기억하기 바란다. New Entry
패널을 보기 위해 + 버튼을 탭하면 이 값은 현재 선택된 Date 패널 항목에 여전히 설정되
어 있을 것이다.

❸ createEntry form에서 calories 값을 가져온다.

❹ createEntry form에서 food 값을 가져온다.

❺ Database 트랜잭션을 시작한다.

❻ 트랜잭션에 callback 함수를 전달한다. 이 callback 함수의 유일한 파라미터는 트랜잭션
객체이다.

174

❼ 트랜잭션 객체의 `executeSql()` 메서드를 호출한다.

❽ 데이터 플레이스 홀더로 물음표(?)를 가진 SQL문을 정의한다.

❾ 플레이스 홀더를 위한 값들의 배열을 전달한다. `latitude`와 `longitude`가 `insertEntry()` 함수에 전달되지 않는다면 이 배열은 정의되지 않을 것이다.

❿ Success callback 함수를 정의한다.

⓫ Error callback 함수를 정의한다.

Kilo가 실제로 위치 값들을 저장하고 있다는 것을 확인하기 위해 우리는 인터페이스의 어딘가에 그것들을 보여줘야 할 것이다. Inspect Entry 패널에 저장된 값들을 출력해보자. 항목이 생성된 출력할 패널에 Map Location 버튼을 포함시킨다. index.html의 body 태그를 닫기 바로 전(`</body>`)에 다음 코드를 추가한다.

```html
<div id="inspectEntry">
    <div class="toolbar">
        <h1>Inspect Entry</h1>
        <a class="button cancel" href="#">Cancel</a>
    </div>
    <form method="post">
        <ul class="rounded">
            <li><input type="text" placeholder="Food" name="food" value="" /></li>
            <li><input type="tel" placeholder="Calories" name="calories"
                value="" /></li>❶
            <li><input type="submit" value="Save Changes" /></li>
        </ul>
        <ul class="rounded">
            <li><input type="text" name="latitude" value="" /></li>❷
            <li><input type="text" name="longitude" value="" /></li>
            <li><p class="whiteButton" id="mapLocation">Map Location</p></li>❸
        </ul>
    </form>
</div>
```

이 코드는 처음에 예제 4-5에서 보았던 New Entry 패널과 유사하다. 그래서 몇 가지만 살펴보도록 하겠다.

❶ 커서가 이 필드에 놓일 때 전화번호 키보드를 호출하도록 하기 위해 input 타입을 tel로 설정한다. 이 타입이 좀 번거롭게 느껴질 수 있지만 이 필드에 더 적합하기 때문에 그럴만한 가치가 있다고 생각한다.

❷ latitude와 longitude 필드는 편집 가능하고 form 안에 포함되어 있다. 이는 사용자가 이 필드들을 편집할 수 있다는 것을 의미이다. 이는 최종 애플리케이션에서는 사용하지 않겠지만 개발 기간 동안에는 테스트를 더 쉽게 할 수 있다. 왜냐하면 매핑 버튼을 테스트하기 위해 위치 값을 수동으로 입력할 수 있기 때문이다.

❸ 이 Map Location 버튼을 클릭했을 때 아무 작동도 하지 않는다. 우리는 계속해서 클릭 핸들러를 추가할 것이다.

이젠 사용자에게 이 Inspect Entry 패널을 탐색할 수 있는 방법을 제시해줘야 한다. 그래서 사용자가 리스트에서 항목을 탭할 때 Inspect Entry 패널이 screen의 아래에서 슬라이드 방식으로 올라오도록 Date 패널의 동작을 수정할 것이다.

첫 번째 단계는 클릭 이벤트 핸들러를 작성하고 Delete 버튼을 클릭했을 때 처리되는 방법을 수정한다. kilo.js의 refreshEntries() 함수에서 아래 굵은 글씨체로 되어 있는 세 가지 변경 사항을 추가한다.

```javascript
function refreshEntries() {
    var currentDate = sessionStorage.currentDate;
    $('#date h1').text(currentDate);
    $('#date ul li:gt(0)').remove();
    db.transaction(
        function(transaction) {
            transaction.executeSql(
                'SELECT * FROM entries WHERE date = ? ORDER BY food;',
                [currentDate],
                function (transaction, result) {
                    for (var i=0; i < result.rows.length; i++) {
                        var row = result.rows.item(i);
                        var newEntryRow = $('#entryTemplate').clone();
                        newEntryRow.removeAttr('id');
                        newEntryRow.removeAttr('style');
                        newEntryRow.data('entryId', row.id);
                        newEntryRow.appendTo('#date ul');
                        newEntryRow.find('.label').text(row.food);
```

```
                newEntryRow.find('.calories').text(row.calories);
                newEntryRow.find('.delete').click(function(e){❶
                    var clickedEntry = $(this).parent();
                    var clickedEntryId = clickedEntry.data('entryId');
                    deleteEntryById(clickedEntryId);
                    clickedEntry.slideUp();
                    e.stopPropagation();❷
                });
                newEntryRow.click(entryClickHandler);❸
            }
        },
        errorHandler
    );
    }
    );
}
```

❶ 이벤트의 stopPropagation() 메서드에 접근하기 위해서 함수 호출에 e(event의 약자) 파라미터를 추가해야만 한다. e 파라미터를 추가하지 않았다면 e.stopPropagation()는 정의되지 않은 것이다.

❷ e.stopPropagation(); Delete button 클릭 핸들러가 브라우저에게 부모 엘리먼트의 클릭 이벤트를 발생시키지 않도록 하기 위해 추가한다. 우리는 지금 클릭 핸들러를 행 자체에 추가했고 이 행은 Delete button의 부모이기 때문에 이 메서드는 매우 중요하다. stopPropagation()를 호출하지 않는다면 사용자가 Delete button을 탭할 때 Delete button 핸들러와 entryClickHandler 함수 둘 다 실행될 것이다.

❸ newEntryRow.click(entryClickHandler); 항목이 탭될 때 브라우저가 entryClickHandler 함수를 호출하도록 한다.

다음은 kilo.js에 entryClickHandler() 함수를 추가한다.

```
function entryClickHandler(e){
    sessionStorage.entryId = $(this).data('entryId');❶
    db.transaction(❷
        function(transaction) {❸
            transaction.executeSql(❹
                'SELECT * FROM entries WHERE id = ?;', ❺
                [sessionStorage.entryId], ❻
```

```javascript
            function (transaction, result) {❼
                var row = result.rows.item(0);❽
                var food = row.food;❾
                var calories = row.calories;
                var latitude = row.latitude;
                var longitude = row.longitude;
                $('#inspectEntry input[name="food"]').val(food);❿
                $('#inspectEntry input[name="calories"]').val(calories);
                $('#inspectEntry input[name="latitude"]').val(latitude);
                $('#inspectEntry input[name="longitude"]').val(longitude);
                $('#mapLocation').click(function(){⓫
                    window.location = 'http://maps.google.com/maps?z=15&q='+
                        food+'@'+latitude+','+longitude;
                });
                jQT.goTo('#inspectEntry', 'slideup');⓬
            },
            errorHandler⓭
        );
    }
  );
}
```

❶ 사용자가 탭한 항목에서 entryId를 가져와서 session storage에 저장한다.

❷ Database 트랜잭션을 시작한다.

❸ 트랜잭션에 callback 함수를 전달한다. 이 callback 함수의 유일한 파라미터는 트랜잭션 객체이다.

❹ 트랜잭션 객체의 executeSql() 메서드를 호출한다.

❺ 데이터 플레이스 홀더로 물음표(?)를 가진 SQL문을 정의한다.

❻ 플레이스 홀더를 위한 하나의 엘리먼트를 가지고 있는 배열을 전달한다.

❼ Success callback 함수를 호출한다.

❽ 결과의 첫 행을 가져온다(우리가 한 행만을 쿼리 했기 때문에 결과값은 유일하다).

❾ 행의 값을 기반으로 몇 개의 변수를 설정한다.

❿ 변수들을 기반으로 form 필드들의 값을 설정한다.

⓫ #mapLocation 버튼에 클릭 핸들러를 첨부한다. 이 함수는 window location에 표준 구글 Maps URL을 설정한다. Maps 애플리케이션이 사용 가능하면 실행되고 그렇지 않으면 URL이 브라우저에 로드될 것이다. z 값은 최초 zoom 레벨을 설정한다. @ 기호 앞에 있는 문자열은 위치에 꽂을 핀의 라벨로 사용된다. latitude와 longitude 값은 여기에 보이는 순서대로 콤마에 의해 분리되어 나타나야만 한다는 것에 유의하자.

⓬ Inspect Entry 패널이 view에 슬라이드 방식으로 올라오도록 jQTouch 객체의 goTo() 메서드를 호출한다.

⓭ Error callback 함수를 정의한다.

애플리케이션 실행을 시도하기 전에 폰(또는 simulator)에서 애플리케이션을 삭제해야 한다. 왜냐하면 애플리케이션이 이미 존재한다면 database가 생성되지 않고 database를 쉽게 지우는 방법은 애플리케이션을 삭제하는 것이기 때문이다. 애플리케이션을 삭제하기 위해서 home screen 아이콘을 흔들거리기 시작할 때까지 탭하고 있다가 X를 클릭한다. 흔들거림을 멈추기 위해서 home 버튼을 누른다. 그리고 프로젝트를 clean한 후(Build→Clean) "Build and Run"을 클릭한다.

Accelerometer

다음은 폰을 흔들어서 리스트의 마지막 항목이 복제되도록 Kilo를 설정한다. kilo.js의 끝에 다음 함수를 추가한다.

```
function dupeEntryById(entryId) {
    if (entryId == undefined) {❶
        alert('You have to have at least one entry in the list to shake a dupe.');
    } else {
        db.transaction(❷
            function(transaction) {
                transaction.executeSql(
                    ' INSERT INTO entries (date, food, calories, latitude, longitude)'
                    + ' SELECT date, food, calories, latitude, longitude'❸
                    + ' FROM entries WHERE id = ?;',
                    [entryId], ❹
                    function() {❺
```

```
                    refreshEntries();
                },
                errorHandler❻
            );
        }
    );
}
```

❶ 이 라인은 함수에 전달된 `entryId`를 확인한다. 정의되어 있지 않으면 사용자에게 이를 알린다.

❷ 보통의 database 트랙잭션 단계를 시작한다.

❸ 특정 `entryId`로부터 값들을 복사하는 INSERT 문을 정의한다. 이 문장은 여러분이 이전에 보지 못했던 쿼리 형식일 것이다. INSERT를 위한 실제 값들을 나열해서 사용하지 않고 특정한 `entryId`에 대한 SELECT 쿼리를 이용해서 값을 가져온다.

❹ `entryId`를 미리 만들어 놓은 쿼리문에 전달한다. 앞 쿼리 문의 SELECT에서 ?를 대체한다.

❺ 쿼리문 실행이 성공하면 `refreshEntries()`를 호출한다. 이 함수는 새롭게 복사된 항목을 보여줄 것이다.

❻ 쿼리문 실행 중 에러가 발생하면 표준 SQL 에러 핸들러를 호출한다.

이제 애플리케이션의 accelerometer에 대해 언제 보기를 시작하고 보기를 마쳐야 하는지 결정해야 한다. Date 패널이 view에 들어오는 슬라이딩을 마쳤을 때 보기를 시작하고 밖으로 나가는 슬라이딩을 시작할 때 보기를 마치도록 설정할 것이다. 이렇게 하기 위해서 kilo.js에 있는 document ready 함수에 다음 코드를 추가하기만 하면 된다.

```javascript
$('#date').bind('pageAnimationEnd', function(e, info){❶
    if (info.direction == 'in') {❷
        startWatchingShake();
    }
});
$('#date').bind('pageAnimationBegin', function(e, info){❸
    if (info.direction == 'out') {❹
        stopWatchingShake();
    }
});
```

❶ #date 패널의 `pageAnimationEnd` 이벤트에 익명의 핸들러를 바인딩한다. 파라미터로 이벤트와 추가 정보를 전달한다.

❷ info 객체의 `direction` 속성이 in과 같은지 확인한다. 같으면 `startWatchingShake()` 함수를 호출한다.

❸ #date 패널의 `pageAnimationBegin` 이벤트에 익명의 핸들러를 바인딩한다. 파라미터로 이벤트와 추가 정보를 전달한다.

❹ info 객체의 `direction` 속성이 out과 같은지 확인한다. 같으면 `stopWatchingShake()` 함수를 호출한다.

기술적으로 좀 더 짧게, 단지 하나의 페이지 애니메이션 이벤트만을 다음과 같이 바인딩할 수 있다:

```javascript
$('#date').bind('pageAnimationEnd', function(e, info){
    if (info.direction == 'in') {
        startWatchingShake();
    } else {
        stopWatchingShake();
    }
});
```

이렇게 한 이유는 `stopWatchingShake()`는 페이지 애니메이션이 완성된 이후까지 호출될 수 없다. 그러므로 accelerometer는 실제로 페이지 트랜잭션 동안 보이게 된다. 이것은 때때로 물결이 일렁이는 것 같은 애니메이션 효과를 볼 수 있다.

이제 나머지 해야 할 일은 `startWatchingShake()`와 `stopWatchingShake()` 함수를 작성하는 것이다. 다음 함수들을 kilo.js의 끝에 추가한다.

```javascript
function startWatchingShake() {❶
    var success = function(coords){❷
        var max = 2;❸
        if (Math.abs(coords.x) > max
        || Math.abs(coords.y) > max
        || Math.abs(coords.z) > max) {❹
            var entryId = $('#date ul li:last').data('entryId');❺
```

```
            dupeEntryById(entryId);❻
          }
      };
      var error = function(){};❼
      var options = {};❽
      options.frequency = 100;❾
      sessionStorage.watchId = navigator.accelerometer.watchAcceleration(success,
          error, options);❿
  }
  function stopWatchingShake() {⓫
      navigator.accelerometer.clearWatch(sessionStorage.watchId);⓬
  }
```

❶ startWatchingShake() 함수를 시작한다. 이 함수는 #date 패널이 view에 들어오는 애니메이션을 마쳤을 때 호출될 것이다.

❷ Success 핸들러 정의를 시작한다. 유일한 파라미터로 좌표 객체를 받는다는 것에 유의한다.

❸ 흔들림의 시작 값을 정의한다. 숫자가 클수록 사용자는 더 세게 흔들어야 한다.

❹ 좌표 값 중에 시작 값을 초과하는 것이 있는지 체크한다.

❺ #date 패널에서 마지막 항목의 entryId를 가져온다.

❻ dupeEntryById() 함수를 호출한다.

❼ 빈 error 핸들러를 정의한다.

❽ accelerometer 객체의 watchAcceleration() 메서드에 전달할 options 객체를 정의한다.

❾ options 객체의 frequency 속성은 애플리케이션이 얼마나 자주 accelerometer를 체크할 것인지를 지정해주는 속성이다. 단위는 milliseconds이다.

❿ accelerometer 객체의 watchAcceleration() 메서드를 호출한다. success 핸들러와 error 핸들러 그리고 options 객체를 파라미터로 전달한다. sessionStorage.watchId에 결과를 저장한다. 이 저장한 결과는 stopWatchingShake() 함수에서 사용한다.

⓫ stopWatchingShake() 함수를 시작한다. 이 함수는 #date 패널이 view 밖으로 나가는 애니메이션을 시작할 때 호출된다.

❿ `accelerometer` 객체의 `clearWatch()` 메서드를 호출한다. 이 메서드는 session storage 의 `watchId`를 파라미터로 전달한다.

이것으로 테스트할 준비가 되었다. 모든 파일들을 저장하고 모든 타겟들을 clean한다. 그리고 장치에서 Kilo를 build와 run시킨다. Date 패널로 가서 아무 것도 없으면 항목을 추가한다. 그리고 폰을 흔든다. 여러분은 추가된 항목을 가지고 페이지를 다시 로드해야 한다. 공교롭게도 여러분은 아마 Undo 확인 다이얼로그를 보게 될 것이다(그림 7-36). 아무 중단 없이 accelerometer를 볼 수 있도록 이 Undo 관리자가 작동을 못하게 하기 위해 Info.plist에 설정 하나를 추가할 필요가 있다. "Info.plist에 설정 추가하기"에서 설명한 단계들을 따라 Info.plist에 `UIApplicationSupportsShakeToEdit` 설정을 추가하고 Value는 `false`로 한다(그림 7-37).

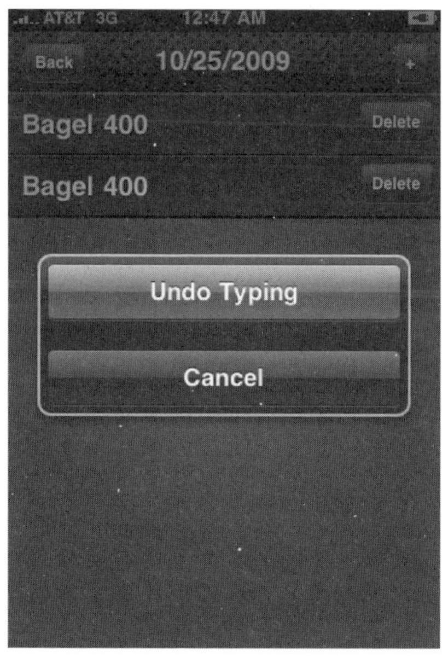

[그림 7-36] Accelerometer를 보기 위해 Undo 관리자가 작동을 못하도록 해야 한다.

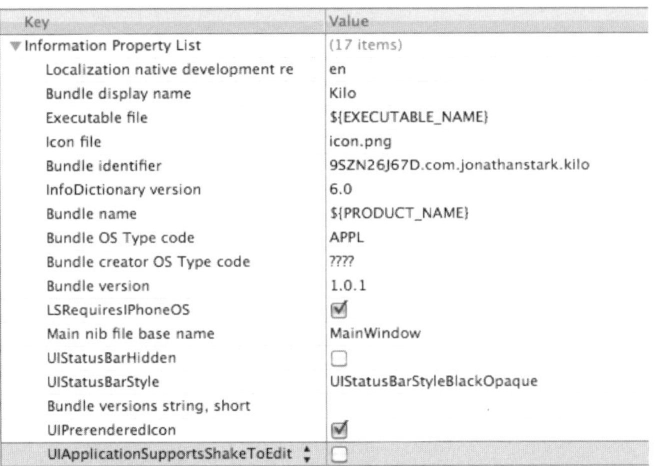

Key	Value
▼ Information Property List	(17 items)
Localization native development re	en
Bundle display name	Kilo
Executable file	${EXECUTABLE_NAME}
Icon file	icon.png
Bundle identifier	9SZN26J67D.com.jonathanstark.kilo
InfoDictionary version	6.0
Bundle name	${PRODUCT_NAME}
Bundle OS Type code	APPL
Bundle creator OS Type code	????
Bundle version	1.0.1
LSRequiresIPhoneOS	☑
Main nib file base name	MainWindow
UIStatusBarHidden	☐
UIStatusBarStyle	UIStatusBarStyleBlackOpaque
Bundle versions string, short	
UIPrerenderedIcon	☑
UIApplicationSupportsShakeToEdit	☐

[그림 7-37] Info.plist에 UIApplicationSupportsShakeToEdit 설정을 추가하고
애플리케이션에서 "shake to undo"가 작동하지 않도록 체크되지 않은 상태로 남겨둔다.

이 장을 마치며

이 장에서 PhoneGap에 웹 애플리케이션을 로드하는 방법, 아이폰에 애플리케이션을 인스톨하는 방법, 브라우저 기반의 웹 애플리케이션에서는 불가능한 장치의 5가지 기능에 접근하는 방법(beep, alert, vibrate, geolocation, accelerometer)을 배웠다.

다음 장에서는 애플리케이션을 하나의 실행 가능한 패키지로 만들고 iTunes App Store에 올리는 방법을 배울 것이다.

마침내 여러분이 기다리던 순간이다. 완성된 애플리케이션을 iTunes에 올려 보자. 처리를 위한 여러 단계가 있다. 시작하기 전에 App Store에 올리는 과정을 위해 다음과 같은 것들이 필요하다.

- 애플리케이션을 위한 일반 텍스트 설명(최대 4,000 characters).

- 애플리케이션에 대한 좀 더 자세한 정보를 얻을 수 있는 URL.

- 애플리케이션과 관련된 문제를 가지고 여러분과 연락할 수 있도록 URL이나 email 주소 지원.

- 애플리케이션이 로그인을 요구한다면 평론가들이 애플리케이션을 테스트할 수 있도록 데모 계정에 대한 전체 접근 인증.

- 512×512 pixel 아이콘.

- 애플리케이션의 320×480 pixel 스크린샷.

- 애플리케이션에 대한 distribution provisioning profile.

- 애플리케이션 바이너리의 압축 버전.

마지막 두 항목(애플리케이션에 대한 distribution profile과 애플리케이션 바이너리)을 제외하고는 모두 꼭 필요한 것들이다. 다음 섹션에서 이들을 자세히 다루어 보도록 하자.

이 장에서 Kilo를 참조하는 곳마다 Kilo를 여러분의 애플리케이션에 사용하고 있는 이름으로 대체하기 바란다.

아이폰 Distribution Provisioning Profile

7장에서 우리는 실제 아이폰에서 애플리케이션을 테스트할 수 있도록 하는 development provisioning profile을 만들었다. 이제는 iTunes에 애플리케이션을 올리기 위해 distribution provisioning profile을 만들어야 한다.

1. 아이폰 개발자 사이트(http://developer.apple.com/iphone/)로 가서 로그인 한다.

2. 오른쪽 측면에 있는 iPhone Developer Program Portal을 클릭한다.

3. 왼쪽 측면에 있는 Provisioning을 클릭한다.

4. Distribution 탭을 클릭한다.

5. New Profile 버튼을 클릭한다.

6. Distribution method로 App Store를 선택한다.

7. Profile Name을 입력한다(예, Kilo Distribution Provisioning Profile).

8. Distribution certificate를 만들지 않았다면 먼저 만들어야 한다. 이 페이지에 "Please create a Distribution Certificate,"라는 레이블의 링크를 클릭하고 주의 깊게 지시를 따른다. Keychain Access 애플리케이션(/Applications/Utilities에 있다)으로 두 가지 일을

할 것이다. 하나는 certificate signing requests를 만드는 것이고 다른 하나는 포털에서 우리 자신의 keychain으로 다운로드받은 인증서에 서명하는 것이다.

9. 적당한 App ID를 선택한다(그림 8-1).

10. Submit 버튼을 클릭한다(Distribution Provisioning Profile 리스트 view로 돌아온다).

11. Download 버튼이 나타날 때까지 페이지를 새로 고침 한다(그림 8-2).

12. 로컬 다운로드 디렉터리에 저장하기 위해 Download 버튼을 클릭한다.

13. 다운로드 받은 profile을 Xcode 아이콘에 드래그한다.

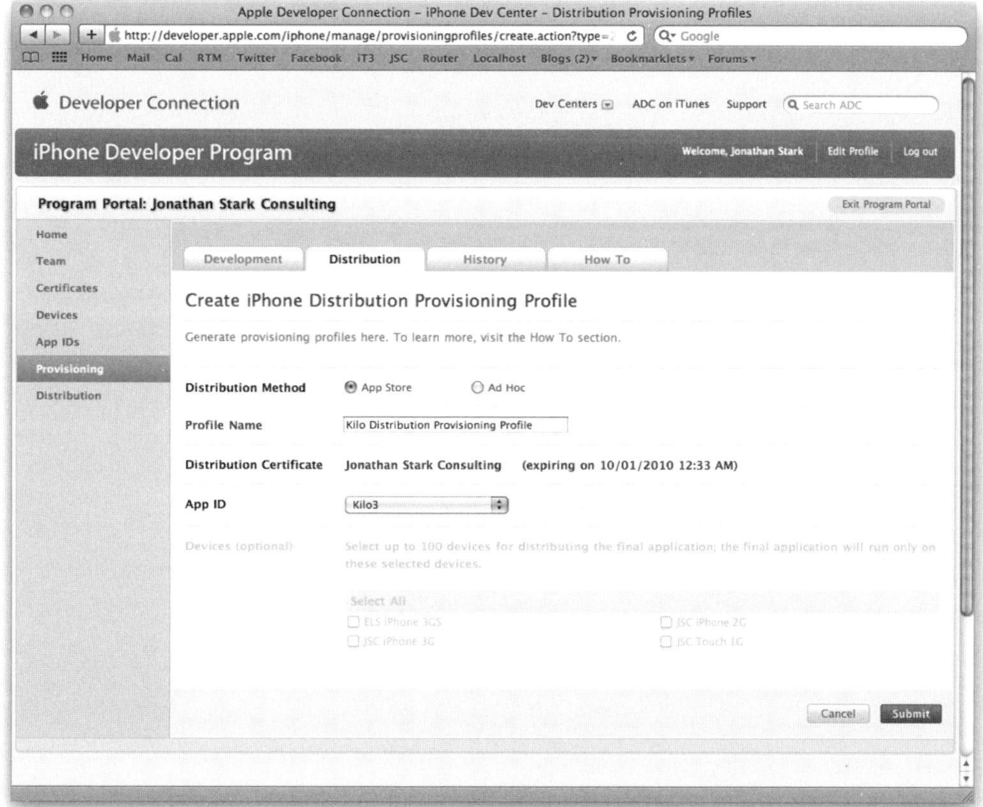

[그림 8-1] iPhone developer portal에서 distribution provisioning profile을 만든다.

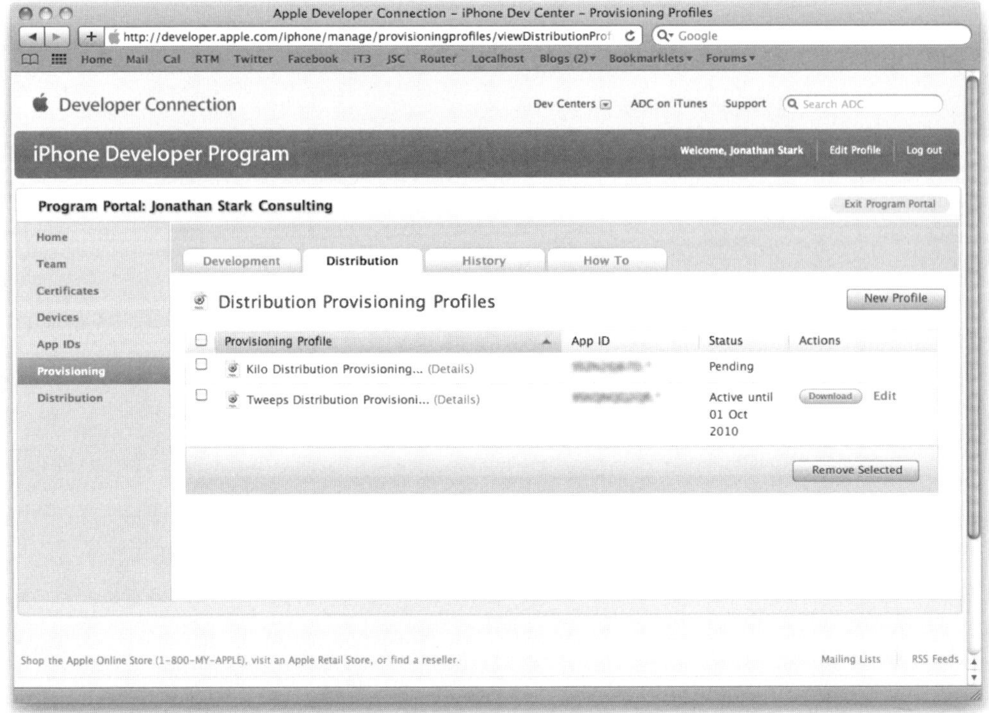

[그림 8-2] Download 버튼이 나타날 때까지 distribution profile 리스트를 새로 고침 한다.

아이폰 Distribution Provisioning Profile 인스톨하기

이제 프로젝트가 Xcode에 있는 profile을 사용하도록 구성해야 한다.

1. Xcode에서 Kilo를 연다.

2. Project 메뉴에서 Edit Project Settings를 선택한다(프로젝트 설정 윈도우가 나타날 것이다).

3. Build 탭을 클릭하여 활성화시킨다.

4. Configuration 팝업에서 Distribution from을 선택한다.

5. Show 팝업에서 "Settings Defined at This Level"을 선택한다.

6. 메인 윈도우에서 Code Signing→Code Signing Identity→Any iPhone OS Device로
이동한다.

7. Profile options 목록이 나타나도록 Any iPhone OS Device의 오른쪽 팝업 리스트를
클릭한다(그림 8-3).

8. 목록에서 distribution provisioning profile로 가서 바로 아래에 있는 distribution 지정
자를 선택한다(그림 8-4).

9. Project Info 윈도우를 닫는다.

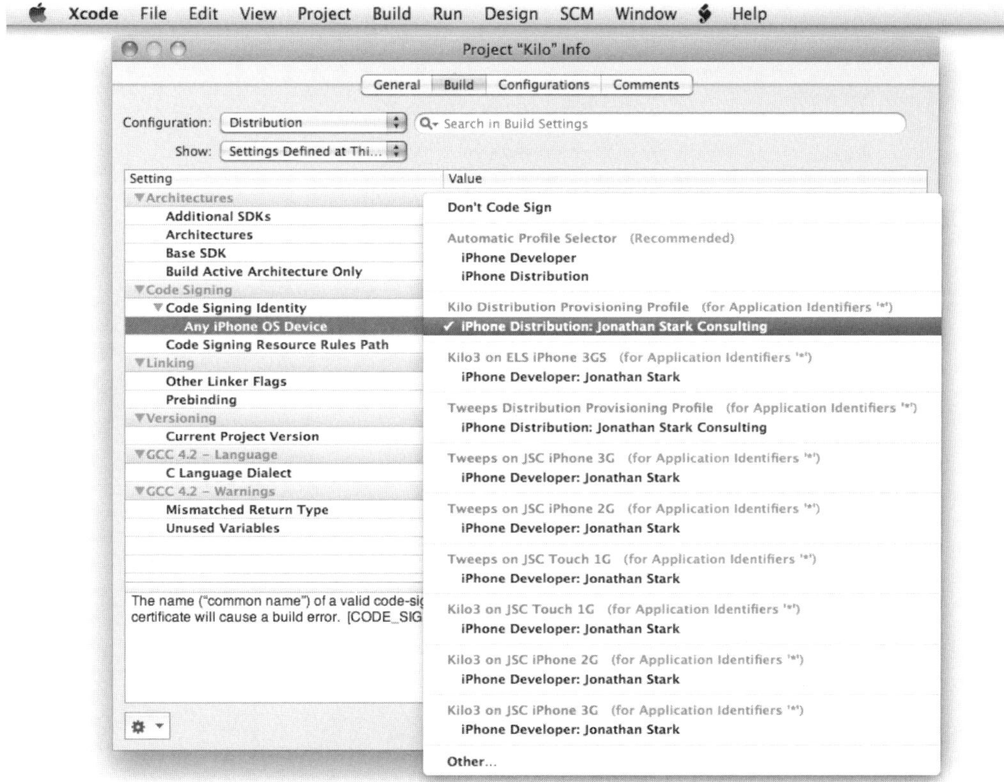

[그림 8-3] Any iPhone OS Device 옆에 있는 팝업 리스트를 클릭한다.

[그림 8-4] Distribution 지정자가 distribution provisioning profile 바로 아래에 있다.

프로젝트명 변경하기

애플리케이션을 올리기 전에 프로젝트명을 PhoneGap에서 Kilo로 변경해야 한다.

1. Xcode에서 프로젝트를 연다.

2. Project 메뉴에서 Rename을 선택한다(그림 8-5).

3. "Rename project to" 필드에 Kilo를 입력한다(그림 8-6).

4. 수정하기 전에 프로젝트의 상태를 저장하고 싶다면 "Take Snapshot before renaming"
   을 체크된 상태로 두어도 좋다. 그러나 시간적 부하가 매우 크다.

5. Rename 버튼을 클릭한다.

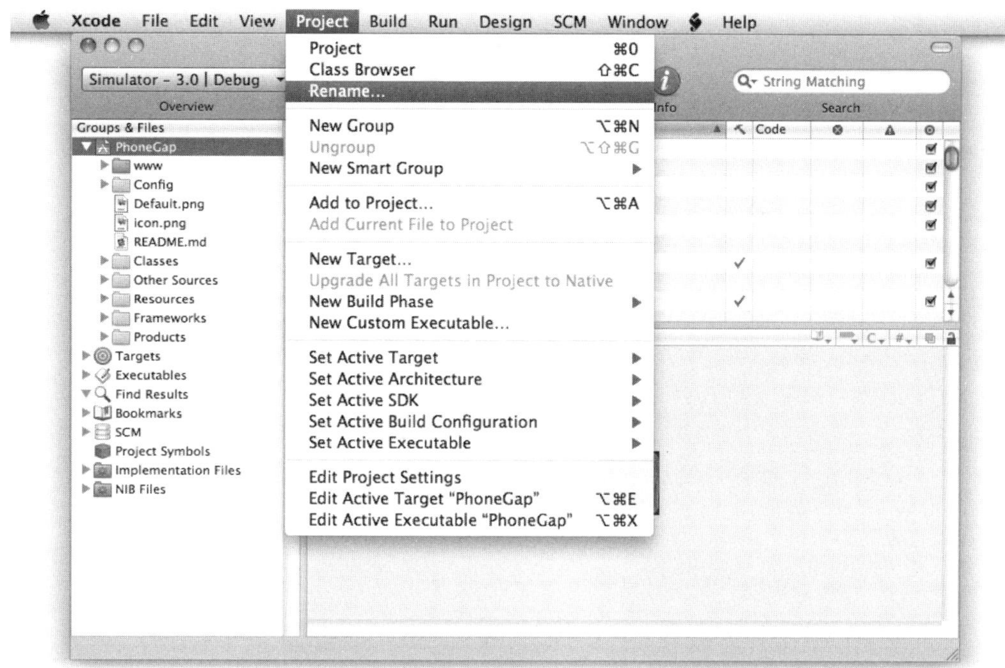

[그림 8-5] Project 메뉴에서 Rename을 선택한다.

내부에 하얀 체크표시가 있는 초록색 동그라미가 나열되어 있는 것을 볼 수 있는데 이는 변경이 제대로 이루어졌다는 것을 의미한다(그림 8-7).

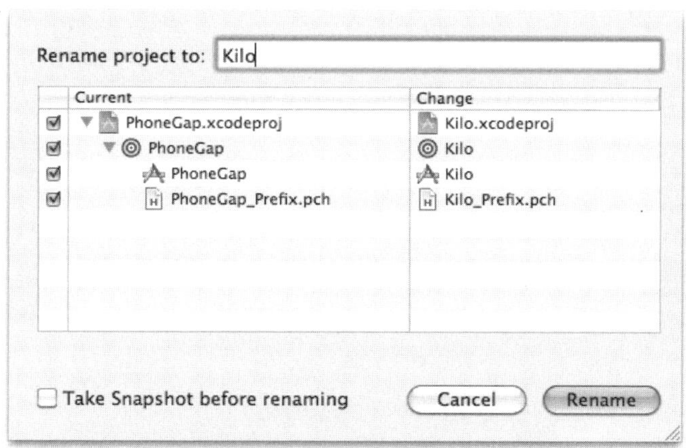

[그림 8-6] "Rename project to" 필드에 Kilo를 입력한다.

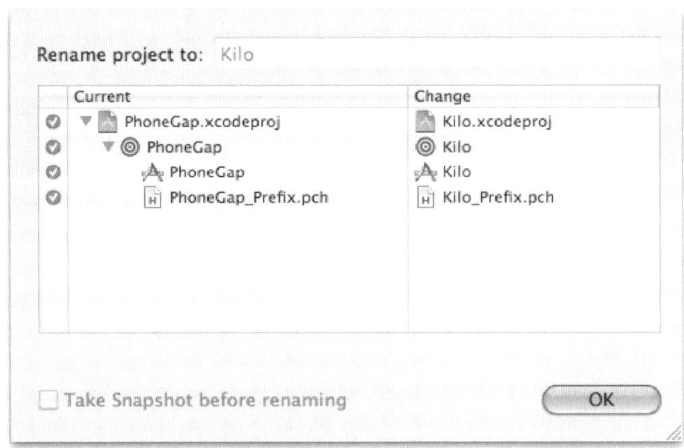

[그림 8-7] 내부에 하얀 체크표시가 있는 초록색 동그라미들은 이름 변경 처리가 성공했음을 나타낸다.

애플리케이션 바이너리 준비하기

다음은 애플리케이션을 build해서 업로드될 준비를 해야 한다.

1. Active SDK 팝업에서 iPhone Device − 3.1.2를 선택한다(또는 아이폰 OS의 현재버전). 다음은 Distribution을 선택한다. 이는 "Device − 3.1.2 | Distribution."과 같은 것에 타겟을 설정하는 것이다.

2. Build 메뉴에서 Clean All Targets를 선택한다.

3. Build 메뉴에서 Build를 선택한다. 애플리케이션 codesign이 여러분의 keychain에 접근하기 위한 프롬프트가 뜬다. 이런 방식으로 애플리케이션에 서명할 수 있도록 한다.

4. 오류가 없는지 확인한다.

5. 애플리케이션이 Finder에 보이도록 한다(그림 8-8).

6. 애플리케이션을 ZIP으로 압축한다(그림 8-9).

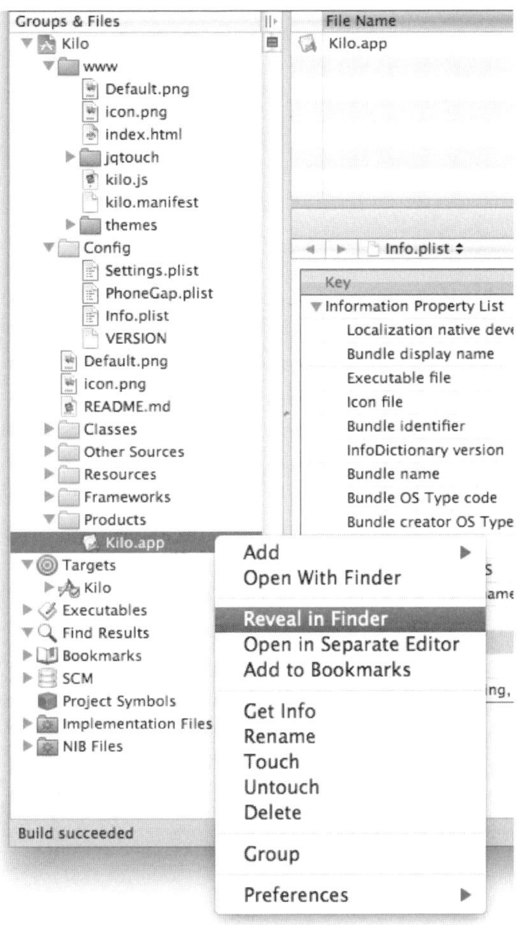

[그림 8-8] 애플리케이션이 Finder에 보이도록 한다.

애플리케이션 올리기

이제 필요한 모든 작업을 마쳤다.

1. iTunes Connect에 로그인한다(https://itunesconnect.apple.com/).

2. Manage Your Applications을 클릭한다.

3. Add New Application 버튼을 클릭한다.

4. 올리는 과정을 진행하기 위해 화면의 지시를 따른다.

5. 서둘러서 올린 후 기다린다.

모든 처리가 잘 되었으면 Review에 목록으로 만들어진 애플리케이션이 보여야 한다.

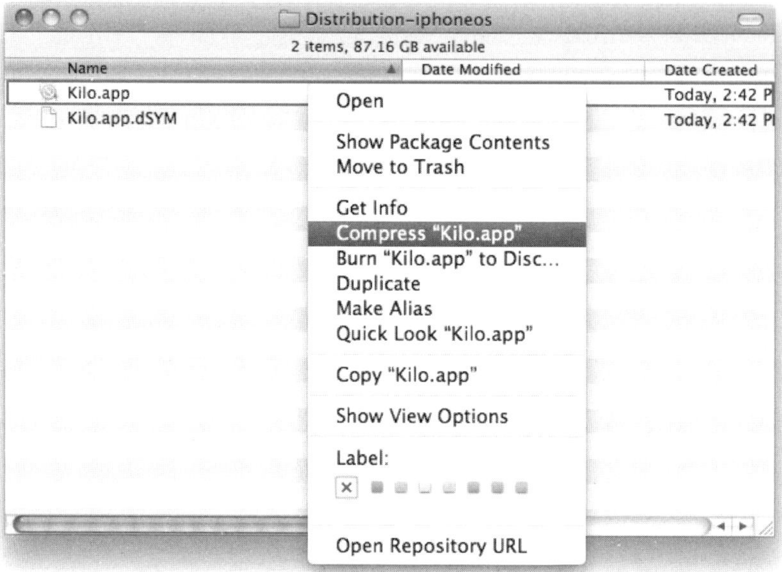

[그림 8-9] 애플리케이션은 업로드되기 위해 ZIP으로 압축되어야 한다.

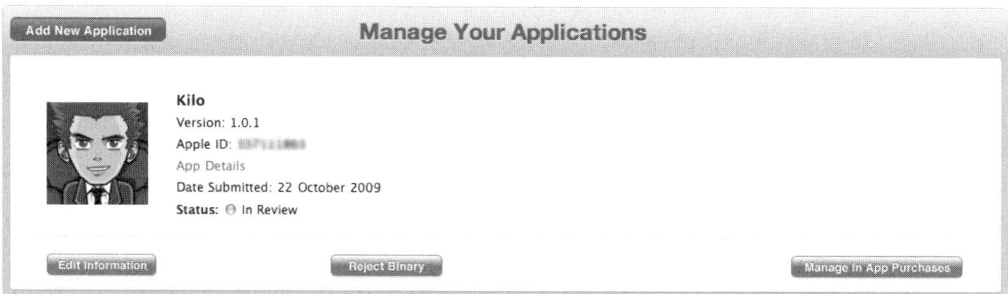

[그림 8-10] 업로드된 애플리케이션은 Review에서의 상태대로 목록에 나타나게 된다.

기다리는 동안

이제 첫 번째 애플리케이션을 iTunes App Store에 공식적으로 올렸다. 그 다음은 아마도 Apple로부터 응답을 받기 위해 1-2주 정도 기다려야만 할 것이다. 기다리는 동안 시간을 보다 의미 있게 보낼 수 있는 몇 가지 일들이 있다.

- Apple에 올린 URL에 있는 애플리케이션을 위한 멋진 웹 페이지를 만든다. 반드시 다음 요소들을 포함시킨다.

  - 애플리케이션이 동작하는 비디오 영상. Loren Brichter(http://twitter.com/atebits)는 멋진 아이폰 화면출력을 만들기에 좋은 자습서를 http://blog.atebits.com/2009/03/not-your-average-iphone-screencast/에 올렸다.

  - 애플리케이션에 대한 간단한 설명. 한두 단락으로 5-10 문장 정도.

  - 애플리케이션을 구매하기 위한 iTunes 링크.

  - 약간의 증명서. 증명서와 관련된 링크가 있다면 포함시킨다.

  - 기술 지원 이메일 주소. 이메일 주소 대신 지원 포럼을 설정할 수 있지만 이메일을 통하는 것이 고객에 대해 더 자세히 알게 된다.

- 여러분이 생각하기에 여러분의 애플리케이션에 관심이 있는 블로그에 개인 이메일 메시지를 보낸다. 타겟이 되는 블로그는 여러분의 애플리케이션을 위한 시장과 관련이 있고 일반적으로 아이폰에 관한 곳이어야 한다.

- 받은 편지함 비우기. 여러분은 아마 100개의 판매 당 약 5-20개의 이메일 메시지를 받을 것이다. 그래서 여러분의 애플리케이션이 인기가 많다면 많은 이메일을 받게 된다. 깨끗하게 시작하기 바란다.

- 첫 번째 업그레이드에 대한 작업을 시작하자. 보다 인기가 많은 애플리케이션은 대략 한 달에 두 번 정도 업그레이드 하는 것으로 보인다. 이는 고객의 만족과 애플리케이션에 대한 신뢰를 가져온다.

참고할 사이트

여기에 참고할 만한 몇 가지 유용한 리소스들이 있다:

- jQTouch Issue Tracker: http://code.google.com/p/jqtouch/issues/list

- jQTouch on Twitter: http://twitter.com/jqtouch

- jQTouch Wiki: http://code.google.com/p/jqtouch/w/list

- PhoneGap Google Group: http://groups.google.com/group/phonegap

- PhoneGap on Twitter: http://twitter.com/phonegap

- PhoneGap Wiki: http://phonegap.pbworks.com/

- jQuery Documentation: http://docs.jquery.com/

- W3C Spec for Offline Applications:
  http://dev.w3.org/html5/spec/Overview.html#offline

초판 1쇄 발행 : 2010년 6월 4일

지은이　조나단 스타크(Jonathan Stark)
옮긴이　성윤정, 황연주
발행인　최규학

기 획 · 진 행　고광노
내지 디자인　성은경
표지 디자인　코리아하우스

펴 낸 곳　도서출판 ITC
등록번호　제8-399호
등록일자　2003년 4월 15일

주　소　경기도 파주시 교하읍 문발리 파주출판단지 535-7
　　　　　세종출판벤처타운 307호
전　화　031-955-4353(대표)
팩　스　031-955-4355
이메일　itc@itcpub.co.kr

용지 신승지류유통　**인쇄** 해외정판사　**제본** 한암테크

ISBN-10　89-6351-018-2
ISBN-13　978-89-6351-018-7　**부가기호**　13560

값　18,000원